생명을살리는
파이토케미컬

국내최고 요리전문가가 알기쉽게 제시하는

지은이 백향선

국가공인 조리기능장

머리말

채소 과일 등 식물은 땅에 한 번 뿌리를 내리면 이동이 불가능하기 때문에 식물이 자외선이나 유해 물질, 해충 등의 위험으로부터 자신을 보호하고 생존하기 위한 방어물질을 생산해내게 된다. 또한 자신의 번식, 번영, 수분을 돕기 위하여 사람이나 동물들을 유인하거나 다른 식물과 차별화를 위해서 식물 자신이 만든 색소나 향, 매운맛 등의 천연 성분의 화학물질을 만들어 낸다. 또한 식물은 자생하기 위해서 병원균의 침투를 막고, 스스로 치료하고 치유하기 위한 화학물질을 생산하게 되는데 이러한 식물성 화학물질을 파이토케미컬이라고 한다.

파이토케미컬이 식물에게는 번식, 번영, 생존, 수분, 활성화, 차별화 등에 기여할 뿐만 아니라 식물을 섭취하는 사람에게도 성분에 따라 매우 다양한 부분에 영향을 주어 건강에 도움을 주는 식물성 화학물질이다. 파이토케미컬은 항산화 작용, 면역 기능, 해독작용, 성인병 예방, 혈액 순환 등에 기여하며, 이외에도 면역력 증진, 호르몬 조절, 세포의 손상 방지, 세포의 변이 방지, 세포 간의 소통 조절, 항균 작용, 항암 작용 등에 효과가 있다.

지금까지 파이토케미컬에 대한 성분이 아직 10%도 채 발견되지 않았음에도 불구하고 파이토케미컬의 효과는 상당한 것으로 알려져 있다. 따라서 앞으로 파이토케미컬에 대한 연구가 지속될수록 파이토케미컬에 대한 성분은 더욱 많이 발견되고 그에 대한 효능도 점차 증가할 것이다.

파이토케미컬은 대부분의 식물들에 골고루 들어 있는 성분으로 특히 우리가 먹을 수 있는 채소나 과일에 많이 들어 있다. 그러나 농약을 많이 치거나 비닐하우스 안에서 재배된 식물은 유기농이나 노지에서 자란 식물에 비해 파이토케미컬이 부족하다. 유기농이나 노지에서 자란 식물들은 자생하면서 자연 친화적인 환경에서 자라기 때문에 특히 화려하고 짙은 색소가 많이 함유되어 있어 파이토케미컬이 풍부하다. 따라서 우리가 파이토케미컬의 성분과 효능에 대해서 정확히 알고 먹는다면 자신의 몸에서 필요로 하는 파이토케미컬을 섭취할 수 있으나, 파이토케미컬에 대한 지식이 부족하면 무분별한 식재료 선택으로 파이토케미컬의 효능을 경험하기 어렵다.

이 책은 우리 몸에 필요한 파이토케미컬에 대하여 정확히 이해하고, 파이토케미컬을 다량 보유한 과일과 채소에 대한 성분과 효능, 먹는 방법, 요리를 만드는 방법, 파이토케미컬 식단 등에 대하여 소개하고 있다. 부디 이책으로 인하여 파이토케미컬의 놀라운 효능으로 건강하고 행복한 삶을 살 수 있기를 기원한다.

지은이 백항선

목차

제1장
파이토케미컬은 무엇인가?

01. 파이토케미컬이란?

파이토케미컬(Phytochemical)은 식물성을 의미하는 파이토(phyto)와 화학을 의미하는 케미컬(chemical)의 합성어로 식물(Plant)에서 유래하는 생화학 물질을 말한다. 따라서 파이토케미컬은 식물이 가지고 천연성분의 화학물질이라는 뜻이다.

채소 과일 등 식물은 땅에 한 번 뿌리를 내리면 이동이 불가능하기 때문에 식물이 자외선이나 유해 물질, 해충 등의 위험으로부터 자신을 보호하고 생존하기 위한 방어물질을 생산해내게 된다. 또한 자신의 번식, 번영, 수분을 돕기 위하여 사람이나 동물들을 유인하거나 다른 식물과 차별화를 위해서 식물 자신이 만든 색소나 향, 매운맛 등의 천연 성분의 화학물질을 만들어낸다. 또한 식물은 자생하기 위하여 병원균의 침투를 막고, 치료하기 위한 화학물질을 생산하게 되는데 이러한 식물성 화학물질을 파이토케미컬이라고 한다.

파이토케미컬은 식물이 진화하는 과정에서 생태계의 먹이사슬 위치상 자신의 생존과 번식을 위해 그리고 섭식자와의 공생관계를 위해 만들어진 물질이다. 또한 식물 자신들의 개체를 번성하게 하거나, 다른 경쟁 식물에 비하여 강력한 생명력을 갖게 하거나, 섭식자 또는 병원체와의 싸움에서 이길 수 있게 하기 위해서 만들어지는 화학 물질이다.

그리고 식물은 자신의 씨를 다른 곳으로 이동시켜 번식하기 위하여 동물이나 사람의 식욕을 자극하는 색깔이나 영양분 등의 파이토케미컬을 만들어

내기도 한다. 식물의 열매나 과일의 씨는 동물이나 사람이 먹더라도 소화되지 않고 배설되도록 파이토케미컬을 만들어 내기도 한다. 또한 다른 경쟁 식물에 비하여 척박한 환경에서도 생존하고 잘 자랄 수 있도록 활성 화합물을 생성하기도 한다.

이러한 이유로 파이토케미컬은 식물에서 생리적으로 만들어졌기 때문에 식물생리활성화합물(Plant Bioactive Compound), 식물에서만 나는 것이기 때문에 식물유래화학물질(Plant Derived Chemical), 식물이 가지고 있는 영양소이기 때문에 식물영양소(Phytonutrients), 식물이 생물학적으로 활성 화합물을 생성하기에 식물생리활성화합물 등으로 부르기도 한다.

02. 파이토케미컬의 효능

파이토케미컬은 식물 자신에게는 번식, 번영, 생존, 수분, 활성화, 차별화 등에 기여할 뿐만 아니라 식물을 섭취하는 사람에게는 성분에 따라 매우 다양한 부분에 영향을 주어 건강에 도움을 주는 식물성 화학 물질이다. 파이토케미컬이 사람에게 주는 효능을 보면 다음과 같다.

1) 항산화 작용

항산화 작용이란 파이토케미컬이 우리 몸의 산화를 억제하는 작용을 말한다. 산화는 호흡하는 동안 몸에 해로운 여분의 산소인 활성산소가 생성되면서 정상 세포를 공격하여 여러 질병과 노화의 원인을 만든다. 따라서 파이토케미컬의 항산화 작용은 우리 몸에 있는 활성산소를 제거해 세포의 산화(노화)를 억제하며 손상으로부터 보호한다. 대표적으로 토마토의 라이코펜, 녹차의 카테킨류가 항산화 작용에 효과가 있다.

2) 면역 기능

면역은 몸속에 들어온 병원(病原) 미생물에 대항하는 항체를 생산하여 독소를 중화하거나 병원 미생물을 죽여서 다음에는 그 병에 걸리지 않도록 된 상태를 말한다. 버섯류에 들어 있는 베타글루칸과 무, 고추냉이, 갓 등에 함유된 이소티오시아네이트 세포가 손상될 때 생성되는 매운맛 성분으로, 면역력 강화와 항암 작용을 한다.

3) 해독작용

독소는 생물에서 생기는 강한 독성의 물질을 말하며, 독소는 외부에서도 들어오기도 하고, 몸 내부에서도 발생하기도 한다. 외부에서는 미세먼지, 환경호르몬, 배기가스, 식품에 들어가는 각종 식품첨가물이 몸 안에 들어와 독소가 되고, 몸 내부에서 발생하는 독소는 음식물을 소화 흡수하고 남은 찌꺼기나 노폐물들이 간과 장 같은 몸속 장기나 세포에 쌓여서 독소를 발생시키기도 한다. 이러한 독소들이 계속해서 몸속에 쌓이게 되면, 여러 가지 질병을 일으키고 심한 경우에는 암의 원인이 되기도 한다.

이러한 독소를 몸 밖으로 배출하게 하는 것을 해독작용이라고 하며, 브로콜리, 양배추, 케일, 미나리 같은 십자화과 식물과 매실에 들어 있는 피르부산은 간의 해독작용을 도와준다.

4) 성인병 예방

성인병은 중년 이후에 문제 되는 병을 통틀어 일컫는다. 동맥 경화증, 고혈압, 악성 종양, 당뇨병, 백내장, 심근 경색, 폐 공기증, 뼈의 퇴행성 변화 등을 말한다. 쑥 속에는 미네랄과 비타민이 풍부하여 간을 해독시켜주는 기능과 피로를 회복시켜 주며 성인병을 예방하는 데 효과가 있다.

5) 혈액순환

혈액순환이 잘 되면 우리의 몸 속에 영양성분과 산소공급이 원활해지기 때문에 수족냉증을 예방할 수 있고 고혈압이나 고지혈증 등의 혈관질환 예방에 효과적이다. 콩에 함유된 나이아신은 혈관 내 유해한 콜레스테롤 수치를 낮춰주고 혈행을 개선시키는 작용을 하여 혈액순환을 원활하게 해준다.

이외에도 파이토케미컬은 면역력 증진, 호르몬 조절, 세포의 손상 방지, 세포의 변이 방지, 세포 간의 소통 조절, 항균 작용, 항암 작용 등에 효과가 있다.

03. 파이토케미컬의 종류

파이토케미컬은 식물의 생존을 위해서 만들어 내는 천연 화학 물질이기 때문에 식물의 종류에 따라 다양한 파이토케미컬을 가지고 있다. 파이토케미컬의 종류를 보면 다음과 같다.

1) 향기나 냄새에 관여하는 파이토케미컬
  ① 락톤(lactone)
  산과 알코올이 작용하여 탈수 반응을 일으켜 생긴 휘발성이 있는 탄화수소로 대부분의 꽃향기와 식물의 독특한 냄새를 내는데 작용한다.

  ② 쿠마린(coumarin)
  쿠마린은 항산화 물질인 폴리페놀과 페놀산계로 분류되는 향기 성분이다. 식물계에 넓게 존재하고 있으며, 미나리과나 귤과 콩과 등의 식물에 특히 많이 포함되어 있다. 항균 작용과 항혈액 응고 작용이 있어 부종 방지 및 노화 예방에 효과적이다.

  ③ 테르펜(terpene)
  가연성의 불포화 탄화수소로, 주로 나뭇잎과 솔잎에서 나오며, 나무줄기와 일부 나무의 두꺼운 껍질에서도 흘러나온다. 또한 하층 식생인 버섯, 이끼, 양치식물과 함께 덤불, 관목, 초본식물에도 테르펜이 나온다. 테르펜은 우리의 면역 시스템과 건강을 증진시키고, 면역기능을 높여준다.
  냄새나 향기를 만들어주는 파이토케미컬(phytochemicals)은 색깔에서뿐만 아니라 맛의 형성에도 밀접하게 관련되어있기 때문에 서로 복합적으로 작용한다.

2) 색소 및 색깔에 관여하는 파이토케미컬

① 카로티노이드계 색소

카로티노이드계 색소는 에탄올이나 유지에 녹으며 물에는 녹지 않는 색소를 말한다. 카로티노이드계 색소는 광합성의 보조 색소로 엽록소가 흡수하지 못하는 파장의 빛을 흡수하여 엽록소에 전달해 주는 역할을 하며, 빛을 분산시켜 강한 빛 에너지로 엽록소가 파괴되는 것을 막는다. 카로티노이드계 색소에는 카로틴과 잔토필 등이 있으며, 카로틴은 적황색을 띠고 잔토필은 담황색을 띤다.

② 플라보노이드계 색소

플라보노이드는 비당질 화합물이 결합하여 아세탈 결합을 한 형태를 띤 것으로 안토시아닌 등이 있다. 간혹 광범위한 범주에서 식물 색소를 플라보노이드라 통칭하기도 한다. 항암 효과, 항염증 효과 등이 있다. 식물에서 플라보노이드계 색소는 대체적으로 노란색을 띤다. 라틴어에서 플라부스(flavus)라는 단어에서 유래했는데 이건 황색을 의미한다.

③ 포르피린계 색소

물에 녹지 않고 유기용매에만 잘 녹는 초록색을 띠고 있다. 그리고 식물 조직이 파괴되면 산을 분비하기 시작하면서 갈색이 되는 색소를 말한다. 포르피린계 색소는 생화학 반응에 보조 효소 인자로 작용하며 마음을 이완시켜 주는 역할을 한다.

④ 베타레인계 색소

인돌 핵을 포함한 알카로이드 구조를 가지고 있는 색소로 물에는 잘 녹지 않는 성질을 가지고 있다. 붉은색과 노란색을 띠며 레드비트, 사탕무, 근대, 순무, 맨드라미, 명아주 선인장 등의 식물에 들어 있는 색소다.

3) 맛과 관련된 파이토케미컬
① 과당 : 열매나 과일의 당분이 갖는 단맛
② 알리신 : 파, 고추, 마늘의 매운맛
③ 쓴맛 : 소태나무의 껍질, 육모초, 씀바귀 따위의 맛처럼 느껴지는 맛

맛은 오랜 진화과정에서 섭식자와의 공생관계 그리고 자신의 생존과 번식을 위해 발달시켜온 파이토케미컬이다.

04. 파이토케미컬에 대한 이해

파이토케미컬은 지금까지 설명한 것과 같이 인간의 몸에 항산화 작용, 면역기능, 해독작용, 성인병 예방, 혈액순환, 면역력 증진, 호르몬 조절, 세포의 손상 방지, 세포의 변이 방지, 세포 간의 소통 조절, 항균 작용, 항암 작용 등에 효과가 있는 것으로 알려져 있다. 따라서 파이토케미컬은 인간의 건강에 도움을 주고, 우리의 몸에 좋은 영향을 주는 식물성 화학물질이다.

지금까지 파이토케미컬에 대한 성분은 아직 10%도 채 발견되지 않았음에도 불구하고 파이토케미컬이 우리의 몸에(인간의 건강에, 인간의 몸에) 상당한 효과가 있다고 알려져 있다. 따라서 앞으로 파이토케미컬에 대한 연구가 지속될수록 파이토케미컬에 대한 성분은 더욱 많이 발견되고 그에 대한 효능도 점차 증가할 것이다.

파이토케미컬은 대부분의 식물들에 골고루 들어 있는 성분으로 특히 우리가 먹을 수 있는 채소나 과일에 많이 들어 있다. 그러나 농약을 많이 치거나 비닐하우스 안에서 재배된 식물들은 이런 파이토케미컬이 부족한 반면 유기농이나 노지에서 자란 식물들은 친환경적인 곳에서 자생하기에 파이토케미컬이 더욱 풍부하고 특히 화려하고 짙은 색소가 많이 함유되어 있다. 따라서 우리가 파이토케미컬의 성분과 효능에 대해서 정확히 알고 먹는다면 자신의 몸에서 필요로 하는 파이토케미컬을 알맞게 섭취할 수 있으나, 파이토케미컬에 대한 지식이 부족하면 무분별한 식재료 선택으로 파이토케미컬의 효능을 경험하기 어렵다.

파이토케미컬은 성분에 따라서 효능이 다르며, 채소나 과일마다 들어 있는 파이토케미컬 성분이 다르기 때문에 이들에 대한 정보를 익혀서 자신의 몸에 필요한 성분이 포함된 채소나 과일을 먹는 것이 유익하다. 이처럼 파이토케미컬에 대해서 정확히 알고 채소나 과일을 먹게 되면 식욕을 충족시키고, 건강까지 지킬 수 있어 1석 2조의 효과를 얻게 된다.

05. 파이토케미컬 식이요법

파이토케미컬은 단순한 먹을거리가 아닌 자연에서 얻어지는 귀한 선물이며 보약이라 할 수 있다. 히포크라테스가 말하기를, "음식으로 고치지 못하는 병은 약으로도 고칠 수 없다."라고 했다. 우리말에도 "밥 잘 먹는 것이 최고의 보약이다."라는 말이 있다. 이런 것을 약식동원(藥食同源)이라 한다. 즉 "약과 음식은 근원이 같다."는 뜻으로, 음식을 잘 먹으면 건강해진다는 의미를 담고 있다. 이처럼 우리의 심신을 치유하기 위하여 음식이나 식사를 적절히 활용하는 방법을 식이요법이라고 한다. 파이토케미컬 식이요법은 파이토케미컬을 식사에 적절히 활용하는 식이요법이다.

음식은 재료, 물(좋은 물, 나쁜 물), 조리 방법(찌고, 삶고, 볶고, 튀기고, 굽고, 익히고 등), 양념과 조미료 등 무엇을 쓰느냐에 따라 사람의 몸에 좋은 음식이 되거나 나쁜 음식이 된다. 그리고 음식을 먹을 때, 그 사람의 의식 상태(즐거운 마음, 어두운 마음, 스트레스), 소화기 및 건강 상태, 환경 등도 건강을 결정짓는 중요한 요인이 된다. 이처럼 음식물은 사람을 건강하게도, 또 병에 걸리게도 한다.

이렇게 우리가 매일 먹는 채소와 과일의 파이토케미컬은 몸의 건강에 중요한 역할을 함에도 불구하고 아무것이나 무분별하게 먹는 경우가 많다. 특히 식생활의 서구화, 입맛에 길들여진 편식, 야간근무를 핑계로 하는 야식, 화가 나서 먹는 폭식, 체질은 뒷전이고 별미라면 무조건 찾아가 먹는 미식, 이러한 식생활은 위장과 간, 췌장에 무리를 주고 그로 인하여 기능이 약화되는 악순환이 되면서 건강에 이상이 발생하게 된다.

몸에 맞지 않거나 몸에 좋지 않은 음식을 한두 번 먹는 것은 괜찮지만 지속적으로 먹게 된다면 분명 우리의 몸은 탈이 생기거나 문제가 생기고 만다. 마치 가랑비에 옷 젖듯이 여지없이 건강을 잃게 될 수 있다. 건강을 잃게 되면 결국에는 때늦은 후회와 함께 새로운 다짐을 하게 되지만 이미 한번 잃은 건강을 되찾기란 여간해서 쉽지 않다. 따라서 건강한 심신을 유지하기 위해서는 파이토케미컬이 무엇인지, 효능은 무엇인지를 정확히 알고 먹어야 한다.

06. 파이토케미컬과 슈퍼 푸드

모든 과일이나 채소는 나름대로 제각각의 색깔을 가지고 있으며, 모든 색깔은 식물에게 있어 생존, 보호, 방어 등의 기능을 하고 있다. 모든 과일이나 채소의 색깔은 파이토케미컬 성분이 내는 색깔로 사람이 파이토케미컬 성분을 섭취하게 되면 다양한 효능을 가지고 있어 건강에 도움을 주거나 몸에 활력을 준다.

슈퍼 푸드는 대사성 질환인 고혈압, 당뇨, 암을 예방하고, 노화를 늦춰주며 건강한 몸을 유지하는데 좋은 식품이며, 슈퍼 푸드 식품은 수용성 식물 섬유소와 풍부한 영양소로 구성되어 있어 면역력을 향상시키는 데 많은 도움을 주는 음식을 말한다.

슈퍼 푸드라는 단어는 인체 노화 분야의 세계적 권위자인 스티븐 프렛 박사가 쓴 「난 슈퍼 푸드를 먹는다」 라는 책의 제목에서 유래된 단어다. 미국 타임지는 2002년에 세계 10대 슈퍼 푸드로 귀리, 블루베리, 녹차, 마늘, 토마토, 연어, 시금치, 적포도주, 아몬드, 브로콜리 등을 선정하면서 세계적으로 선풍적인 인기를 끌었다. 이후 슈퍼 푸드의 종류가 증가하면서 색깔에 따라서 슈퍼 푸드를 분리하기 시작하였다.

파이토케미컬은 주로 채소와 과일 같은 식물에 들어 있는 몸에 좋은 성분을 의미하지만, 슈퍼 푸드는 식물만이 아니라 육식이나 생선까지 우리가 먹는 모든 음식을 포함하고 있다. 따라서 슈퍼 푸드는 파이토케미컬을 포함하여 우리가 먹을 수 있는 모든 음식을 대상으로 하여 더욱 많은 효과가 있는 음식이다.

07. 생존에 꼭 필요한 영양소

영양소란 체내에 섭취되어 생명현상을 유지하기 위한, 생리적 기능을 하는 식품 속의 성분들로서 인간이 생존하기 위해서 필요한 영양을 말한다. 인체 구성의 영양소의 비율은 수분(65%), 단백질(16%), 지방(14%), 무기질(5%), 당질(소량), 비타민(소량) 등이다.

인간에게 필요한 영양소를 알기 위해서는 보건복지부와 한국영양협회에서 만든 식품 구성 자전거를 이해해야 한다. 식품 구성 자전거는 식품군의 권장 섭취 횟수와 분량에 따른 자전거 바퀴의 면적을 배분하여 나타냄으로 균형 잡힌 식사의 중요성과 규칙적인 운동으로 건강을 지켜나갈 수 있다는 것을 표현한 표이다.

식품구성자전거 / 자료출처 : 보건복지부 · 한국영양학회, 2015 한국인 영양소 섭취기준

앞바퀴의 물컵은 수분 섭취의 중요성을 나타냈으며 균형 잡힌 식사와 함께 적절한 운동을 통한 비만 예방을 강조하였다.

1) 곡류

식품 구성 자전거에서 가장 큰 비중을 차지하고 있는 식품군으로서 주식으로 많이 섭취되며, 에너지를 공급하기 위한 식품군이다. 곡류에는 밥류(쌀, 보리쌀), 면류(국수, 라면), 빵류, 떡류, 과자류, 감자류(감자, 고구마), 밤, 시리얼 등이 있다.

2) 고기, 생선, 달걀, 콩류

반찬으로 많이 섭취되는 동물성 식품군으로 근육과 골격 발달에 중요한 기능을 하므로, 특히 성장기 어린이나 청소년은 충분히 섭취해야 하는 식품군이다. 해당 식품은 육류(쇠고기, 돼지고기, 닭고기, 햄 등), 생선류(고등어, 조기, 오징어, 멸치, 새우, 모시조개 등), 알류(달걀, 메추리알 등), 콩류(대두, 두부, 된장, 두유 등), 견과류(땅콩, 깨, 호두 등)가 있다.

3) 채소류, 과일류

우리나라 국민의 식사에서 양적으로 많이 섭취되고 있는 식물성 식품군으로 비타민, 무기질 등이 풍부하고 특히 아스코르브산, 카로틴, 식이섬유가 풍부하다. 해당 식품에는 채소류(시금치, 오이, 고추, 당근, 무, 배추 등), 해조류(김, 미역, 다시마 등), 버섯류(표고버섯, 느타리버섯, 양송이버섯, 팽이버섯 등)가 있다.

4) 과일류

디저트, 또는 간식으로 섭취되는 식품군으로 주요 영양소는 비타민, 무기질, 당분 등이다. 해당 식품에는 딸기, 수박, 포도, 참외, 복숭아, 사과, 배, 귤, 과일 주스 등이 있다.

5) 우유, 유제품류

섭취량은 적지만, 칼슘 섭취가 부족한 우리나라 사람들에게 매우 중요한 식품군으로 칼슘의 공급원이며, 단백질, 리보플래빈, 비타민 A/D 등도 함유되어 있다. 해당 식품에는 우유, 치즈, 요구르트, 아이스크림 등이 있다.

6) 유지, 당류

조리할 때 필요한 것을 제외하고 적게 섭취하는 것이 좋은 식품군으로 지방이 풍부한 농축된 에너지원으로 곡류에 비해 적은 양으로도 많은 에너지를 얻을 수 있기에 과다 섭취하면 비만의 원인일 될 수 있으므로 주의하는 것이 좋다. 해당 식품에는 유지류(식용유, 올리브유, 참기름, 버터, 마요네즈 등), 당류(설탕, 꿀, 탄산 음료, 초콜릿, 사탕 등)가 있다.

제2장
강력한 치료 효과가 있는
그린 푸드

01. 그린 푸드란 무엇인가?

그린 푸드란 먹거리들 중에서 초록 색깔을 띠는 음식들을 말한다. 초록 색깔이 나는 음식은 컬러 푸드 중 가장 강력한 치료 효과가 있다. 과일과 채소의 초록색은 시각적인 긴장을 완화시킬 뿐만 아니라, 신경과 근육의 긴장까지도 완화시키며, 교감신경에 작용해 신장 간장의 기능을 활성화하고 공해물질을 해독시키는 역할을 한다.

그린 푸드의 녹색을 내는 엽록소는 우리 몸의 신진대사를 돕고, 피로를 풀어주며, 피를 만들고, 세포 재생을 도와 궁극적으로 노화를 예방하며 신진대사를 활발하게 하고 피로를 풀어주는 효과가 있다.

또한 그린 푸드에 풍부하게 함유된 베타카로틴은 몸 안에 침입한 세균이나 바이러스를 막아내는 물질의 분비를 촉진하며, 간세포를 재생시키고 폐를 건강하게 만든다. 초록색을 내는 엽록소는 피를 만드는 조혈 작용과 세포 재생 효과가 뛰어나고 혈중 콜레스테롤 수치를 낮춰주는 효과가 있다.

그린 푸드의 대표 식품은 시금치, 신선초, 브로콜리, 케일, 돌미나리, 키위, 녹차, 오이, 쑥, 배추, 셀러리, 양배추 등이 있다.

02. 노폐물 배설에 효과적인 녹차

한문으로 차(茶)를 풀이하면 十十(20)과 八+八(88)=108획이 된다. 이
것을 가리켜 차를 마시면 108세까지 108 번뇌를 없애며 살 수 있다고 한다.
차나무는 산맥이 뻗어 있는 방향으로나 또는 강의 흐름을 따라서 자연적인
상태로 야생하거나 재배가 되는데 차나무도 그 땅의 기운을 먹고 자라기 때
문에 옛 어른들은 차나무를 심고 수확하는데도 지세를 살펴서 정성스러운
마음으로 차 농사를 지었다고 한다.

녹차는 차나무의 어린잎을 가공하여 만든 것을 말하며, 이것을 뜨거운 물
에 우린 음료 역시 차라고 한다. 차는 처음부터 마시는 음료로서 이용된 것은
아니고, 음식과 약의 기능을 갖는 '식약동원(食藥同源)'소재로서 이용되기
시작하여, 천지의 신과 조상의 제례에 사용하면서 점차 일상의 생활 중에 마
시는 기호 음료로 정착되었다.

1) 차의 기원

차나무(학명: camellia sinensis)는 동백나무과에 속하는 사철 푸른 나무로 차나무는 품종이나 자라는 지역이나 위치에 따라 조금씩 차이가 크다. 역사적으로 차나무는 중생대 말기에서 신생대 초기에 생겨난 식물로 식물학적인 기원은 대개 6천만~7천만 년 전으로 추정하고 있다.

차는 역사적으로는 중생대 말기에서 신생대 초기에 생겨난 식물로 식물학적인 기원은 대개 6천만~7천만 년 전으로 추정하고 있다. 이와 같이 오랜역사를 갖고 있는 차를 언제부터 사람들이 마시기 시작했는가에 대해서는 명확히 알 수가 없다. 하지만 차나무는 중국 동남부의 산악지대와 티베트산맥의 고원지대를 원산지로 보고 있다.

이와 같이 오랜 역사를 갖고 있는 차가 언제부터 사람들이 마시기 시작했는지에 대해서는 명확히 알려진 바는 없지만, 중국의 고대 국가에서는 차와 관련된 다기가 발견됨으로써 중국의 고대 국가에서부터 시작되었다고 볼 수 있다.

그래서 세계 각국에서 차를 부르는 말은 중국에서 전해진 것으로 중국에서 차가 외국으로 수출되면서 그 용어도 함께 전해졌다. 우리나라에서는 경상남도 하동, 전라남도 보성, 제주도 등 따뜻한 곳에서 자라며, 안개가 많고 습도가 높은 곳을 좋아한다.

2) 녹차의 성분

차의 성분 중에는 항산화 작용을 하는 성분이 많이 함유되어 있어 노화를 억제시키고, 찻잎에는 일반 음식만으로 보충되기 어려운 미네랄과 유기물이 풍부하게 들어 있다. 차에 들어 있는 폴리페놀의 노화 억제 작용은 비타민 E의 무려 18배나 되며, 레몬의 5배나 되는 비타민 C를 함유하고 있어서 피부가 거칠어지는 것을 막고, 피하 조직에 탄력성과 보습을 주어 건강한 피부를 유지해 주는 역할을 한다.

<표-2-1> 녹차의 성분

영양분	함량	영양분	함량
단백질(g)	4	철(mg)	10
지 질(g)	12	칼륨(mg)	1,000
당 질(g)	19	나트륨(mg)	27
섬유질(g)	0	칼 슘(mg)	200
비타민 A(IU)	19	비타민 B_1(mg)	0.3
비타민 B_2(mg)	1	비타민 C(mg)	300

3) 녹차의 효능

녹차는 우리 몸에 매우 좋은 다양한 효능이 있다. 녹차는 차 중에서도 가장 강력한 항암 효과를 갖고 있다. 중국의 예방의학과학원의 연구 결과에 따르면 녹차, 홍차, 우롱차 등 모든 찻잎에 N-니트로소화합물의 합성을 억제하는 항암 효과가 있는 것으로 밝혀졌다. 이 중에서도 녹차의 항암 효과는 강력하여 홍차의 억제율이 43%인데 비해 녹차는 무려 85%에 이르렀다. 일본의 주요 녹차 생산지인 시즈오카현 내에서 차산지로 유명한 오이키와 지역 주민들의 암 사망률은 차를 생산하지 않는 지역에 비해 매우 낮고, 위암 사망률은 전국 평균의 1/3에 지나지 않은 것으로 나타났다.

이외에도 녹차의 효능은 다음과 같다.

〈표-2-2〉 녹차의 효능

구분	내용
카테킨류	항종양, 발암 억제, 항산화 작용, 노화 억제 및 활성산소 제거, 혈중 콜레스테롤 저하, 고혈압과 혈당 강하 작용, 항바이러스 작용 및 해독작용, 항알레르기 및 면역계 활성화 작용, 구취 및 악취 제거, 중금속 제거 효과, 체지방 축적 억제 작용
플라보노이드	모세혈관 저항성 증가, 항산화, 혈압 저하, 소취작용
카페인	중추신경 흥분 작용, 강심작용, 항천식, 대사항진, 기억력 증진, 편두통 해소, 위액 분비 촉진
다당류	혈당 상승 억제 작용, 항당뇨
비타민 A	암예방, 면역력 증강
비타민 C	항괴혈병, 항산화, 암예방
비타민 E	항산화, 암예방, 항불임
카로틴	항산화, 암 예방, 면역력 증가
불소	충치 예방
아연	피부염 예방, 면역력 증강, 미각이상 방지
셀레늄	항산화, 암 예방, 심근 장해 방지
망간	항산화, 효소 보조인자, 면역력 증강
루틴	혈관벽의 강화
사포닌	소염작용, 거담작용
GABA	혈압상승 억제, 억제성 신경전달

4) 녹차의 종류

녹차의 종류는 발효의 정도, 차를 따는 시기, 만들어진 차의 형태, 제다 방법에 따라 분류한다.

① 발효 정도에 따른 녹차

〈표-2-3〉 발효 정도에 따른 녹차

구분	내용
불발효차 (녹차)	• 찻잎의 성분이 변화하지 않은 신선한 상태로 제조한다. • 우리나라, 중국 북부(주로 용정), 월남 등에서 생산되고 있으며 우리나라는 녹차가 주종을 이룬다.
반발효차	• 중국차의 대명사라 할 수 있는 청차(오룡차, 철관음, 대홍포, 무이암차, 수선 등)와 백호은침, 군산은침 등은 10~65% 발효시킨 것이다.
발효차 (홍차)	• 홍차는 찻잎을 85% 이상 발효시킨 것이다. • 홍차는 세계 차 소비량의 75% 차지한다. • 인도, 스리랑카, 중국, 케냐, 인도네시아가 주생산국이며 영국인들이 즐겨 마신다. • 홍차도 티백용 홍차가 주류를 이루고 있으나 고급차는 정통 잎차형으로 생산된다.
후발효차 (흑차)	• 흑차에는 보이차, 천량차, 육보차 등이 대표적이다. • 차를 만들어 완전히 건조되기 전에 곰팡이가 번식하도록 해 곰팡이에 의해 자연히 후발효가 일어나도록 만든 차로 지푸라기 냄새가 난다. • 잎차로 보관하는 것보다 덩어리로 만든 고형차가 보관하기 좋으며 저장기간이 오래될수록 고급차로 쳐준다. • 몽고나 티벳같은 고산지대에서는 차에 우유를 타서 주식으로 마신다.

② 시기에 따른 녹차

〈표-2-4〉 시기에 따른 녹차

구분	내용
명전차	4월 5일 청명(淸明) 전에 따서 만든 차
우전차	4월 20일 곡우(穀雨) 전에 따서 만든 차
세작(細雀)	곡우가 지나고 입하 사이에 딴 차
중작(中雀)	세작 다음에 딴 차
대작(大雀)	5월 말까지 채엽한 차로, 잎의 크기가 가장 크다.

이른 절기에 딴 어린 차일수록 고급 차로 여긴다.

③ 녹차를 만드는 방식에 따른 종류

덖음차 : 가마솥에 차를 덖어서 만들며 부초차(釜炒茶)라고도 하며 현재 소규모 다원에서는 주로 이 방식으로 차를 만든다. 덖음차는 차가 우러나는 시간이 길어 여러 번 우려내며 구수한 맛이 나서 덖음차를 선호한다. 3~4번 우려 마신다.

증제차 : 차잎을 100℃의 수증기로 30~40초간 쪄서 만들며 차의 가장 초기적인 방식으로 일본의 전차를 만드는 방식이며 우리나라는 소량 생산하며 주로 기계화한 생산방식이다. 찻잎이 바늘과 같은 침상 모양으로 차가 빨리 우러난다. 2~3번 우려 마신다.

④ 차의 형태에 따른 종류

차가 만들어진 모양에 따라 잎차, 말차, 덩이차로 나누어진다.

잎차 : 차의 생잎을 그대로 가마솥에 덖거나 찐 다음 비벼서(유념) 만든 것으로 대부분의 차 형태이다. 여러 번 덖고 비비는 것을 더 좋은 것으로 여긴다. 특히 일본의 잎차는 전차라고 한다.

말차(가루차) : 가루차는 이름 그대로 찻잎을 말려 가루로 만든 것이다. 가루차를 만들기 위한 차는 푸른 녹색의 차색을 유지하기 위해 차나무를 키울 때부터 그늘을 만들어 준다. 어린 차잎을 따서 수증기에 10~20초 정도의 짧은 시간에 찐다. 찌는 즉시 찻잎의 변색을 막기 위해 차게 냉각시킨 후 재빨리 건조 시킨다.

수분을 차잎에서 완전히 없앤 다음 줄기는 없애고 찻잎을 3~5mm 크기로 자른다. 이때 엽맥도 따로 분리한다. 분쇄기로 입자가 곱게 갈아 가루째 마시는 차다. 찻잎 채 먹을 수 있어 물에 녹지 않는 비타민 A, 토코페롤, 섬유질 등 차의 성분을 완전히 섭취할 수 있어 영양 가치가 높다. 또한 햇볕을 적게 받고 자란 차여서 약효성도 다를 수 있다. 일본사람들이 손님 접대용으로, 의식차로 세계에 내놓은 차가 말차이다.

덩이차 : 시루에 쪄낸 찻잎을 절구에 찧은 다음 틀에 박아낸 고형차로 떡차, 단차(團茶), 돈차(錢茶), 병차(餠茶), 전차(磚茶)라고 부르며 조금씩 부수어 사용한다.

5) 녹차 끓이는 방법

① 재료
녹차 3g, 물 200㎖
- 찻잎 형태의 녹차를 고를 때는 색이 진할수록 좋고, 잎이 단단할수록 좋다.

② 끓이는 방법
- 냄비에 물 200㎖를 넣고 팔팔 끓인다. 녹차와 물의 비율은 잎 녹차 1: 물 60이 녹차의 쓴맛과 떨떠름한 맛이 줄어들고 녹차의 향긋함을 더할 수 있다.
- 5분 정도 지난 후 80~90℃로 맞춘다. 녹차의 영양 성분이 가장 잘 우러나오는 온도다.
- 녹차를 넣고 3분 정도 우려내는 것이 좋다.

03. 위를 튼튼하게 하는 양배추

　양배추는 고대 그리스 시대부터 즐겨 먹던 채소로 미국의 타임지가 선정한 서양 3대 장수식품 중 하나이다. 양배추는 말 그대로 서양의 배추라는 뜻으로 지중해 연안과 서아시아가 원산지이다. 양배추는 겨자과에 속하는 두해살이풀로서 양배추의 야생종은 아직 유럽과 지중해의 바닷가와 섬에 남아있다.

　본래 야생 양배추는 바닷가 근처에서 자라기 때문에 염분에 견디기 위해 잎이 가죽처럼 두껍고 바람에 견디기 위해 가지에서 갈라져 나온 줄기를 따라 엉성하게 나 있었다. 잎은 두껍고 매끄러우며 잎은 중심으로부터 바깥으로 감싸 안으며 자라고 진한 녹색 빛이 난다. 줄기와 안쪽으로 갈수록 색깔이 연해지는 연두색이 돌고 가장자리에 불규칙한 톱니가 있으며 주름이 있어 서로 겹쳐지며 잎은 공처럼 둥글며 단단하다.

1) 양배추의 기원

양배추는 고대 이집트 때부터 먹어왔으며 특히 고대 이집트에서는 갓 수확한 양배추의 즙이 '풍요의 신' 민의 정액이라고 여기며 정력에 효과가 있는 것으로 여겨 즐겨 먹기도 했다. 양배추를 최초로 재배한 것은 서부 유럽의 해안에 살던 토착민들이며, 기원전 600년경에 유럽 중서부에 살던 켈트족(族)이 유럽 곳곳에 전파시켰다.

양배추는 다른 채소에 비하여 발육과정이 복잡하지만, 병충해에 강하고 잘 자라는 특성이 있다. 그래서 양배추는 전세계에 분포되어 각기 다른 환경 속에서 재배되고 품종이 다양하며, 양배추에서 변형된 채소가 많다. 한국에서는 대부분 외국에서 육성된 품종을 수입하여 재배한다.

2) 양배추의 재배

양배추는 재배법은 크게 봄 재배·여름 재배·가을 재배로 나눌 수 있다. 봄 재배는 고랭지에 적합한 재배법이고, 여름 재배는 6~8월에 파종하여 11월에서 다음 해 4월까지 수확한다. 가을 재배는 남부지방에 적합한 재배법으로 9월 중순~10월 초에 파종하고 다음 해 4~7월에 수확한다. 양배추는 시설재배가 이루어져 사시사철 언제든지 맛볼 수 있다.

3) 양배추의 성분

양배추는 수분 함량이 많아 갈증 해소에 좋으며, 체온을 상당히 낮추는 효과가 있다. 양배추 잎을 넣고 끓인 물은 건강에 좋으며 식이섬유가 풍부하여 변비에 효과가 있다. 여드름 치료에도 좋다. 특히 단백질, 당질, 무기질, 비타민 A, B_1, B_2, C 등이 상당량 함유되어 있고 필수 아미노산의 일종인 리신이 들어 있어 영양 가치가 높다.

〈표-2-5〉 양배추의 성분

영양분	함량	영양분	함량
단백질(g)	1.4	인	27
지질(g)	0.1	철	0.4
당질	4.9	비타민 A(IU)	10
섬유	0.6	비타민 B_1(mg)	0.05
회분	0.6	비타민 B_2(mg)	0.05
칼륨	210	나이아신(mg)	0.2
칼슘	43	비타민 C(mg)	44
나트륨	6		

4) 양배추의 효능

비타민 중에는 항궤양성의 비타민 U를 함유하고 있으므로 생즙을 먹으면 위염, 위궤양에 효과가 있다. 따라서 위장약이나 제산제 대신 양배추를 먹거나 즙을 마시는 경우가 많다. 양배추의 설포라판 성분은 위염 및 위암의 원인인 헬리코박터균을 박멸하고 위 점막의 손상을 보호해주기 때문에 히포크라

테스도 위가 안좋은 사람들에게 처방해주기도 하였다. 일본에는 양배추 성분을 이용한 캬베진(キャベジン)이라는 유명한 위장약도 있다. 또한 여드름은 위(胃) 질환과 연관이 있어 양배추잎을 넣고 끓인 물을 장기간 마시면 양배추는 위를 좋게 하기 때문에 여드름이 없어진다고 해서 많이 마시기도 한다.

이외에도 양배추는 쓴맛이 나는 항암성분 때문에 항암 기능이 있으며, 열량이 낮고 식이섬유와 비타민 C가 풍부해 변비와 다이어트 피부미용에도 좋다. 그리고 혈압 유지, 혈당과 콜레스테롤 조절, 과음으로 인한 숙취에도 좋다.

5) 양배추 먹는 방법

양배추는 효능이 많은 채소임에도 불구하고 가격이 저렴한 편이며 생식, 찜, 볶음, 절임, 삶기 등 다양한 조리법을 활용할 수 있다는 장점이 있다. 양배추는 달콤한 맛이 나며 씹는 식감이 좋아 주로 생채로 이용을 많이 하고, 특히 샐러드에서도 싼값의 샐러드들에서 가장 주된 비율을 차지한다. 채를 썬 양배추는 볶음, 찜, 찌개, 전골의 양을 늘려 주며 국물에 시원하고 단맛을 더해 준다. 즉석떡볶이에도 양배추 채가 들어간다. 양배추는 치아가 건강한 사람은 생것으로 먹어도 좋지만, 다량 섭취를 원하거나 치아가 약한 경우에는 삶아서 연하게 먹는 것이 좋다.

취향에 따라서 양배추가 맛없다고 느끼는 사람도 있으며, 유기계 황화합물이 분해되며 올라오는 역한 향취 때문에 싫어하는 사람도 있다. 양배추의 이 향취를 없애기 위해서는 샐러드 등 생으로 먹는 경우 물에 오래 담가두어 향을 빼야 한다. 특히 황 냄새가 많이 나는 줄기나 심지를 제거하는 것도 방법이다. 일년 중 늦가을부터 겨울 동안에 생산된 양배추가 맛이 좋고 저장성과 수송성이 용이하다.

6) 양배추 샐러드

① 재료

양배추 200g, 양파 ¼개, 당근 1/4개(40g), 주황 파프리카 ¼개(40g)

[절임물]

소금 1T, 설탕 1T, 식초 2T

[양배추 샐러드 소스]

마요네즈 4T, 설탕 1T, 레몬즙 1T, 홀그레인 머스터드 1T, 소금 2~3꼬집, 후춧가루 약간

② 만드는 방법

- 볼이 큰 그릇에 물을 넣고 양배추를 담그고 식초 1T를 넣고 살살 흔들어 씻는다.
- 흐르는 물에 두어 번 헹구고 물기를 최대한 제거한다.
- 양배추를 길게 썬다.
- 소금 1T, 설탕 1T, 식초 2T를 넣어 절임 물을 만든다.
- 썬 양배추를 절임 물에 넣고 절인다.
- 약 20분 정도 절이면 수분이 나와서 조금 수축된다.
- 키친 타월로 물기를 제거한다.
- 샐러드에 넣을 당근과 주황 파프리카와 양파를 양배추와 같은 크기로 작게 썬다.
- 마요네즈 4T, 설탕 1T, 레몬즙 1T, 홀그레인 머스터드 1T, 소금 2~3꼬집, 후춧가루 약간을 넣어 샐러드 소스를 만든다.

- 재료를 섞고 샐러드 소스에 버무린다.
- 완성된 샐러드를 그릇에 담아낸다.

새콤달콤한 맛의 양배추 샐러드는 햄버거나 피자, 파스타 등 기름기가 많거나 느끼한 음식과 함께 곁들이면 좋다.

04. 갈증 해소에 좋은 오이

오이는 박과의 한해살이 덩굴식물로 전세계에서 채소로 재배되고 있다. 원산지는 인도 서북부 히말라야 산록 지대로 기다란 열매에 잔가시들이 많이 나 있다. 우리나라에 들어 온 것은 중국을 통해 삼국시대에 도입된 것으로 추정된다.

1) 오이의 성장

오이의 줄기는 능선과 더불어 굵은 털이 있고 덩굴손으로 감으면서 다른 물체에 붙어서 길게 자란다. 잎은 어긋나고 잎자루가 길며 손바닥 모양으로 얕게 갈라지고 가장자리에 톱니가 있으며 거칠다. 꽃은 단성화이며 5~6월에 노란색으로 피고 지름 3cm 내외이며 주름이 진다.

오이는 원래 늦봄부터 여름 동안에만 먹을 수 있었다. 그러나 근래에 들어서는 시설재배가 가능하여 연중 먹을 수 있게 되었다. 오이는 중요한 식용

작물로 많은 품종이 개발되어 있다.

2) 오이의 성분

오이는 성분상으로 보면 칼로리, 단백질, 당질, 비타민 등은 높지 않아 영양가가 아주 낮은 것으로 되어 있으나, 칼륨의 함량이 높아 식품 분류상 알칼리성 식품에 포함된다. 오이의 식품적인 가치는 여름 동안에 수분을 공급하고, 씹는 감촉이 좋으며, 독특한 향기와 비타민 공급 그리고 알칼리성 식품이라는 데 있었다. 오이에는 쿠쿠르비타신 C가 들어 있어 쓴맛을 낸다.

오이의 성분은 다음과 같다.

〈표-2-6〉 오이의 성분

영양분	함량	영양분	함량
단백질(g)	1.0	철(mg)	0.4
지질(g)	0.2	칼륨(mg)	210
당(g)	1.6	나트륨(mg)	2
섬유질(g)	0.4	칼슘(mg)	24
회분(g)	0.6	인(g)	37
비타민 A(IU)	85	비타민 B_1(mg)	0.05
비타민 B_2(mg)	0.04	나이아신(mg)	0.2
비타민 C(mg)	13		

3) 오이의 효능

오이는 중요한 식용 작물의 하나이며 시원하고 아삭한 오이는 수분이 95%를 차지하여 갈증 해소에도 효과적이다. 그리고 차가운 성질을 가지고 있어서 뜨거운 물에 데었을 때 또는 살갗이 햇빛에 장시간 노출되었을 때 오이의 즙을 짜서 바르면 열을 식혀준다.

오이는 황달에도 효과를 보이며 소화나 변비에도 도움을 주고, 체내의 노폐물을 밖으로 내보내는 역할이 탁월한 건강 채소로 알려져 있다. 오이는 또한 피부를 희게 하고 염증을 진정시키는 작용을 하며 보습 효과도 뛰어나 미용 재료로도 많이 이용된다. 또한, 오이는 이뇨 작용을 통해 부종과 소갈에 큰 효과가 있어 신장 기능이 약한 사람에게 좋으며, 등산 시에 갈증을 해결하기 위해 물 대신 오이를 먹기도 한다.

「동의보감」에는 오이가 이뇨 효과가 있고 장과 위를 이롭게 하고 소갈을 그치게 하며 부종이 있을 때 오이 덩굴을 달여 먹으면 잘 낫는다고 한다. 한방에서는 오이가 성질이 차고 맛이 달고 독이 없으며 너무 많이 먹으면 한열을 일으키기 쉽다고 한다. 오이의 과즙, 잎, 덩굴, 종자 등은 이뇨, 소염,

숙취 제거 등에 쓰여 왔다.

4) 오이 먹는 방법

오이는 미숙과 상태로 대부분 이용되는데 과실은 개화 후 6일경에 가장 맛이 좋다. 오이는 대개 생식으로 많이 이용하지만 절임이나 피클 등으로도 많이 이용된다.

오이에는 비타민 C를 파괴하는 아스코르비나아제라는 효소가 들어 있으므로 식초나 식염으로 조리하는 것이 좋다. 오이는 생체로 씹어 먹는 중에 다른 채소가 섞이면 비타민 C의 분해를 촉진하게 되므로 피하는 것이 좋다.

5) 오이 피클

① 재료

오이 2개 200g, 당근 1/5개, 레몬 슬라이스 2조각, 통후추 10개, 병 1ℓ짜리

[배합초]

물 1ℓ, 꽃소금 3T, 식초 180㎖, 설탕 150㎖, 피클링 스파이스 1T

② 만드는 방법

- 오이는 굵은 소금으로 겉면의 흑침과 돌기를 잘 문지르며 세척한다.
- 오이의 양끝 2cm는 쓴맛이 나니 잘라 버린다.
- 세척 후엔 겉면의 물기를 제거한다.
- 오이를 송송 썰어준다.
- 레몬은 베이킹소다로 겉면을 잘 문질러서 세척한 뒤 슬라이스한 뒤 씨를 제거한다.
- 병은 열탕 소독한다.
- 냄비에 물 1ℓ, 꽃소금 3T, 설탕 2/3컵 150㎖, 식초 1컵 180㎖를 넣고 끓인다.
- 배합초가 끓기 시작하면 바로 불을 끈다.
- 식초의 신맛을 좋아하면 식초는 끓고 나서 마무리에 넣어준다.
- 통후추를 넣어준다.
- 피클링 스파이스는 마무리에 불을 끄는 시점에 1T 넣어주고 30초 후 불을 끈다.
- 오이와 레몬을 병에 넣고 뜨거운 배합초를 부어준다.

05. 영양이 풍부한 시금치

시금치는 비타민, 철분, 식이섬유 등 각종 영양 성분이 다량 함유된 녹황색 채소로 성장기 아이들, 여성과 임산부, 노인 등 남녀노소 모두에게 유익한 식재료이다. 시금치는 아시아 서남부 일대가 원산지이며 우리나라에는 조선 초기에 중국에서 전해진 것으로 보인다.

1) 시금치의 성장

시금치는 명아주과에 속하는 1년생 식물로 식용채소로 재배하는데 높이 약 50cm까지 자란다. 생육에 적당한 온도는 15~20℃가 최적이며 파종 후 30일을 지나면 순차적으로 수확할 수 있는 재배 기간이 아주 짧은 단기작물이다.

뿌리는 육질이고 연한 붉은색이며 굵고 길다. 원줄기는 곧게 서고 속이 비어 있다. 잎은 어긋나기로 자라고 잎자루가 있으며 밑부분이 깊게 갈라지고 윗부분은 밋밋하다. 밑동의 잎은 긴 삼각 모양이거나 달걀 모양이고 잎자루는 위로 갈수록 점차 짧아진다.

2) 시금치의 성분

시금치는 칼슘, 인, 철 등의 무기성분이 많고 특히 철분 함량이 많아 빈혈 예방에 좋은 채소이다. 또 비타민 A와 C도 다량 함유되어 비타민의 보급 식품으로 매우 중요한 채소이다.

〈표-2-7〉 시금치의 성분

영양분	함량	영양분	함량
단백질(g)	3.8	인	60
지질(g)	0.1	철	2.0
당질	3.9	비타민 A(IU)	2000
섬유	1.0	비타민 B_1(mg)	0.07
회분	1.2	비타민 B_2(mg)	0.13
칼륨	450	나이아신(mg)	0.3
칼슘	60	비타민 C(mg)	45
나트륨	18		

3) 시금치의 효능

시금치에는 비타민 K, 비타민 A, 비타민 C, 엽산, 루테인, 제아잔틴 등이 풍부하다. 시금치의 대표적인 효능으로는 빈혈 예방, 어린이 성장 촉진, 기형아 예방, 눈 건강, 뇌의 노화 예방, 항암 효능 등이 있다.

시금치에 풍부한 비타민 A와 생리 활성물질인 루테인, 제아잔틴은 자외선으로부터 눈을 보호하여 백내장을 유발하는 황반 변성 발생률을 감소시키는 데 도움을 준다.

보혈, 식욕증진제로서 매우 우수하다. 시금치는 잎이 부드럽고 섬유가 적어 환자용으로 추천되었고 변비, 괴혈병 예방에도 효과적이며 소화를 돕는 식품이다.

4) 시금치 먹는 방법

시금치의 제철은 겨울부터 이른 봄이며 수산을 많이 함유하고 있기 때문에 데쳐서 먹는 것이 좋다. 채소즙의 효용가치가 높다고 데치지 않고 이용하면 요도결석의 원인이 된다.

영양분을 최대한 파괴시키지 않고 먹기 위해서는 볶든지 살짝 데쳐 먹는 것이 좋다. 시금치를 조리할 때는 끓는 물에 소금을 약간 넣고 살짝 데쳐 나물로 섭취하는 것이 좋다. 잎을 데쳐서 먹을 때는 끓는 물에 소금을 조금 넣어 단시간에 살짝 데치는 것이 중요하다.

냉장고에 보관 시에는 잎의 표면에서 수분이 증발되지 않도록 신문지에 싸서 뿌리를 밑으로 세워 보관하는 것이 좋다. 시금치는 채취하여 하루 이상만 지나도 영양가가 절반 이상으로 감소하므로 유의해야 한다.

5) 시금치 나물 무침

① 재료

시금치 350g, 대파 ⅓대

[양념]

진간장 1½T, 다진 마늘 ½T, 설탕 ½T, 다진 마늘 ½T, 깨소금 1T, 참기름 1T

② 만드는 방법

- 먼저 대파를 적당한 크기로 잘라준다.
- 시금치는 흙이나 이물질은 제거하고, 색이 바랜 잎 부분은 떼어낸다.

- 뿌리 끝부분의 지저분한 것을 제거한다.
- 먹기 좋은 크기로 4등분 한다.
- 냄비에 물을 넉넉히 붓고, 소금을 넣고 가열한다.
- 물이 끓으면 시금치를 약 30초간 데친다.
- 데친 다음 바로 찬물에 담가주면서 남은 흙이나 이물질을 깨끗하게 씻는다.
- 시금치를 건져서 물기는 손으로 꽉 짜준다.
- 진간장 1½T, 다진 마늘 ½T, 설탕 ½T, 다진 마늘 ½T, 깨소금 1T, 참기름 1T를 넣고 양념장을 만든다.
- 양념장에 시금치를 무쳐낸다.
- 통깨를 솔솔 뿌려 준다.

06. 면역력을 높여주는 셀러리

셀러리는 미나리과(Apiaceae)에 속하는 한해살이풀이다. 그래서 양미나리라고도 불린다. 셀러리는 유럽지역, 지중해 연안 지역이 원산지이며, 점차 아시아 서남부 및 인도의 산악지대까지 널리 분포되었다.

셀러리는 쓴맛이 강하여 유럽에서는 중세까지 약재로 사용하였고, 채소로서 식용하게 된 것은 17세기에 들어와서 이탈리아인들에 의해 품종이 개량되어 이탈리아와 프랑스가 처음이다.

1) 셀러리의 성장

셀러리는 키는 1m 정도까지 크며, 잎은 길이 3~6cm, 폭 2~4cm 남짓하다. 꽃은 흰색으로 직경 2~3mm 정도 크다. 줄기는 몇 개가 몰려서 서로 평행하게 곧게 올라가는 형태를 띤다. 습기가 잘 유지되는 장소를 좋아하며, 약한 그늘이 져도 성장에는 지장이 없다.

셀러리는 줄기만 먹으므로 뿌리는 잘라버리고 잎만 조금 남겨둔 채로 판매한다. 다만 서양에서는 뿌리를 먹기도 한다. 셀러리는 향수에 사용되는 에센셜 오일의 원료가 되어 향신료로도 사용되고, 씨앗은 통째로 쓰이거나 갈아서 소금에 넣어 사용된다. 씨앗을 통째로 쓸 때는 셀러리 시드, 소금에 넣으면 셀러리 소금이라 한다.

3) 셀러리의 성분

셀러리에는 비타민 A와 면역력을 증진시키는 비타민 B_1과 B_2, C 등도 다량 함유되어 있다. 그리고 칼륨, 엽산을 포함한 황산화 성분, 전해질 성분, 아미노산과 섬유질이 풍부하다. 따라서 셀러리는 특정한 성분을 많이 섭취하게 되는 효과보다는 각종 영양소의 균형을 잡아주는 데 이상적이다.

〈표-2-7〉 셀러리의 성분

영양분	함량	영양분	함량
단백질(g)	0.9	철(mg)	34
지 질(g)	0.1	칼륨(mg)	0.2
당 질(g)	2.3	나트륨(mg)	160
섬유질(g)	0.5	칼 슘(mg)	0.03
회 분(g)	0.9	인(g)	0.03
비타민 A(IU)	360	비타민 B_1(mg)	0.3
비타민 B_2(mg)	34	나이아신(mg)	6
비타민 C(mg)	24		

4) 셀러리의 효능

셀러리에 함유된 루테올린(luteolin)은 인지능력 감퇴를 지연시키며, 루테올린은 뇌의 염증을 제거해 세포 노화도 막아준다. 풍부한 칼륨이 나트륨을 몸 밖으로 배출시키는 데 도움을 주며 식이섬유 함유량이 많고 포만감을 줘 다이어트 음식으로도 효과적이다. 셀러리는 뇌신경의 강화, 혈액을 깨끗이 해서 순환을 잘 되게 하는 효과가 있다. 또한 열량이 거의 없어 50g에 7.5kcal 정도이고 섬유질이 많아서 다이어트 음식으로 좋다. 이외에도 정장 작용, 이뇨 작용, 강장 작용의 효과가 있다.

5) 셀러리 먹는 방법

초여름부터 가을까지가 맛있고 잎에 광택이 있고 줄기는 두껍고 심줄이 또렷이 박혀 있는 것이 좋다. 특유의 향기와 아삭아삭한 씹는 맛을 살려야 하는 채소로 반드시 심줄이 단단한 부분은 제거하고 요리를 해야 한다.

생으로 샐러드를 만드는 것이 일반적인데 볶거나 무침을 해도 좋다. 또 살짝 데쳐서 무침이나 피클을 해도 좋다. 서양식 삶는 요리를 만들 때는 파슬리나 로리에 등과 함께 묶어 향기를 내어 나쁜 냄새를 제거하는 데 사용한다.

6) 셀러리 볶음

① 재료

셀러리 줄기 400g, 파 1대, 마늘 3쪽, 팽이버섯 100g, 참기름 3~4T, 소금 약간, 참깨 약간

② 만드는 방법
- 셀러리를 깨끗이 씻는다.
- 줄기 표면의 섬유질을 필러로 벗겨 낸다.
- 셀러리를 어슷어슷하게 자른다.
- 파와 팽이버섯은 셀러리와 같은 크기로 썬다.

- 마늘은 갈아놓는다
- 달군 팬에 볶음용 식용유를 넉넉히 두르고 마늘 간 것, 소금 약간과 셀러리를 재빠르게 볶아준다.
- 물을 반 컵 정도 붓고 뚜껑을 닫은 뒤 중불에서 10분 정도 익혀준다.
- 셀러리가 투명하게 익으면 뚜껑을 열고 수분을 날려 보낸다.
- 참기름을 넣고, 파, 건고추와 참깨를 넣어 마무리한다.

07. 최고의 채소로 평가받는 케일

케일은 WHO(세계보건기구)에서 '최고의 채소'라고 평가할 만큼 영양소가 풍부하다. 케일은 십자화과의 2년생 또는 다년생 식물로, 양배추, 브로콜리, 콜리플라워, 브뤼셀 스프라우트, 콜라비와 같은 종이다. 지중해가 원산지인 케일은 다양한 영양 성분을 갖고 있어 대표적인 슈퍼 푸드로 국내외에서 주목받고 있는 채소이다.

케일을 출발점으로 브로콜리, 콜리플라워, 양배추, 방울다다기, 양배추, 콜라비로 발전되어 왔다. 케일은 다양하게 품종이 개량되어서 곱슬 케일·쌈 케일·꽃 케일 등의 종류가 있다. 유럽권에서는 일반적인 양배추처럼 데쳐 먹는 채소이다. 특히 독일 북부지방에서 많이 먹는다.

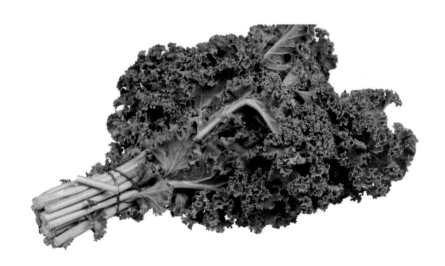

1) 케일의 재배

　케일의 발아에 적당한 온도는 4~35℃이며, 생육 적온은 15~20℃이며 내한성이 강한 편이다. 가장 좋은 파종 시기는 3월 중순~4월 상순경에 파종하면 6월 중순~11월 중순의 늦가을까지 수확이 가능하다.

　케일은 몇 포기만 심어두면 이용할 수 있으므로 굳이 종자를 구해서 기르지 않아도 되지만 양배추나 브로콜리 등의 모종을 직접 기를 때 함께 기르면 좋다. 4월 말에 모종을 구입해서 심으면 5월 말부터 수확이 가능하다.

2) 케일의 성분

　케일은 녹황색 채소 중 베타카로틴의 함량이 가장 높은 채소이다. 단백질, 비타민 A, B$_2$, C, K, U를 비롯해 미네랄과 식이섬유가 고루 들어 있다. 항암물질로 알려진 카로티노이드 성분이 녹색 채소 중 가장 많이 함유돼 있다.

　비타민 K 함량이 많은 브로콜리의 2.5배, 셀러리의 약 10배나 더 많이 들어있다. 그리고 당근이나 블루베리에 들어있는 루테인 함량보다 약 25배 이상이나 많다. 이 외에 케일에는 수분(89.7%), 탄수화물(4.1%), 단백질(3.5%), 지질 등을 비롯해 다량의 무기질과 비타민을 함유하고 있다.

〈표-2-7〉 브로콜리의 성분

영양분	함량	영양분	함량
단백질(g)	3.5	인	45
지질(g)	0.4	철	1.2
당질	1.6	비타민 A(IU)	400
섬유	4.12	비타민 B_1(mg)	0.14
회분	1.3	비타민 B_2(mg)	0.26
칼륨	324	나이아신(mg)	1.3
칼슘	320	비타민 C(mg)	83
아연	0.18	칼로리(kcal)	43

3) 케일의 효능

케일의 엽록소는 혈색소(혈액을 만드는 구성 물질)와 화학구조가 유사해 '푸른 혈액'으로 불리며 피를 만드는 조혈 작용을 돕는다. 방사선 등 유독 성분을 해독하고 니코틴을 제거해 애연가에게 특히 좋다. 그리고 비타민K 함량이 높아서 혈액을 맑게 해주고 면역력 상승에 도움 된다.

또한 미네랄과 식이섬유가 고루 들어 있어 변비를 예방하고 다이어트에 특별히 좋으며, 위궤양 치료에도 효과적이다.

케일은 루테인의 함량이 높은데, 눈 건강에 도움 될 뿐만 아니라 염증 억제에도 도움이 된다.

4) 케일 먹는 방법

케일은 재배할 때 농약을 많이 사용하므로 유기농 제품을 선택하는 것이 좋다. 케일은 맛은 쓰며, 쓴맛과 더불어 떫은맛도 상당히 난다. 따라서 케일을 익혀 먹으면 쓴맛과 떫은맛이 줄어들고, 맛이 시레기와 매우 흡사하면서 영양은 더 많다. 식감도 일반 쌈채소에 비하면 뻣뻣한 편이라 고기를 싸먹을 때를 제외하고는 데치거나 익혀 먹는다.

5) 케일 쥬스

① 재료

사과 ½개 130g, 케일 7장 65g, 요거트 200㎖, 세척용 식초 2T

② 만드는 방법

- 큰 그릇에 물을 넣고 케일, 사과, 브로콜리 등을 담가 놓고 식초 2T를 넣은 후 5분 정도 담가 놓는다.
- 케일과 사과를 건져 물기를 털어낸다.
- 사과는 반을 나눈 후 씨와 꼭지 부분을 제거하고 적당히 잘라준다.
- 케일도 적당한 크기로 자른다.
- 브로콜리를 반으로 나눈다.
- 블렌더에 사과, 케일, 키위, 요거트를 넣고 갈아준다.
- 그릇에 담아낸다.

08. 암을 예방하는 브로콜리

양배추류를 기원으로 하는 꽃양배추와 동일계통의 재배식물로서 꽃봉오리를 채소로 이용한다. 브로콜리라는 말부터가 broccolo라는 이탈리아어로 꽃이 피는 끝부분이라는 뜻이다.

브로콜리의 원산지는 지중해 동부 연안이고 수천년 전에 이미 재배되었던 케일에 기원하고 있다. 1490년 무렵부터 그리스로부터 이탈리아로 전파되었다. 17C 초에는 독일, 프랑스, 이탈리아로 전파되었다. 현재 볼 수 있는 것과 같은 브로콜리의 재배품종이 육성된 것은 19세기부터이고 이 시기에 미국으로 전파되었다.

우리나라에는 1952년에 도입되어 시험적으로 재배가 되면서 일부는 미군의 군납 채소로 재배되어 시중에는 거의 유통되지 않았으나 1980년부터 각호텔에 납품이 되면서 일반에 알려지게 되었고, 2000년부터 급격히 확대 재배가 되고 있다.

1) 브로콜리의 재배

브로콜리는 파종 후 씨앗이 발아하는 적당한 온도는 25℃ 전후이고, 생육하는 적온은 15~20℃다. 브로콜리는 내서성, 내한성은 비교적 강하지만 5℃ 이하의 저온과 25℃ 이상의 고온에서는 생육이 지연된다.

대부분의 품종은 15℃ 이하의 저온경과 후에 꽃눈을 형성한다. 전개잎 5~6매의 모종에서 15℃ 이하의 온도에서 극조생종은 3~4주간, 조생종은 5~6주간이 경과하면 화뢰를 형성한다. 중생종은 전개잎 10장의 모종이 15℃에서 6주간 경과하면 화뢰가 형성된다. 일반적으로 조생종은 65~80일에 수확할 수 있다.

2) 브로콜리의 종류

브로콜리의 품종은 대개 화뢰의 색깔, 수확 기간에 의해 분류된다.

화뢰의 색깔을 보면 일반적으로 녹색 품종이 재배되지만 노랑색, 또는 자주색 품종도 있다. 수확 기간에 따라서는 45~55일에 수확할 수 있는 극조생계, 55~65일에 수확할 수 있는 조생계, 65~80일에 수확할 수 있는 중조생계 및 중생계, 80일 이상 되어야 수확이 가능한 중만생계 또는 만생계 품종으로 나눌 수 있다.

3) 브로콜리의 성분

브로콜리는 비타민 C, 카로틴, 칼슘, 인, 칼륨, 철분이 풍부하고 특히 비타민 C는 레몬의 2배, 감자의 7배나 들어 있으며, 철분은 100g 중 1.9mg으로 채소 중 가장 많다. 이 두 성분은 함께 섭취할 때 흡수율이 높으나 브로콜리 한 덩이면 해결된다.

〈표-2-8〉 브로콜리의 성분

영양분	함량	영양분	함량
단백질(g)	5.9	인	120
지질(g)	1.1	철	1.9
당질	6.7	비타민 A(IU)	400
섬유	1.1	비타민 B_1(mg)	0.12
회분	1.3	비타민 B_2(mg)	0.27
칼륨	530	나이아신(mg)	1.2
칼슘	49	비타민 C(mg)	160
나트륨	6		

4) 브로콜리의 효능

브로콜리는 비타민 C가 많이 들어 있어 피로를 풀어주고 기미나 주근깨가 생기는 것을 막아준다. 비타민 A는 피부 점막의 저항력을 강화해 감기 등 세균 감염을 막아주고, 비타민 E는 노화를 방지하고 피부에 생기를 준다. 식물성 섬유질은 장 속의 유해 물질을 흡착시켜 배출해 몸속을 깨끗하게 만든다. 브로콜리는 봉오리의 모양이 수북하고 밀도가 높은 것을 선택한다. 줄기가 짧고 윤기가 있으며 잎을 눌러보아 단단한 것이 좋다.

브로콜리는 파이토케미컬인 인돌3카비놀이 들어 있어 유방암의 악화요인인 에스트로겐을 완화시키고, 자궁경부암의 원인으로 지목되는 파빌로마 바이러스도 억제한다. 그리고 브로콜리에는 암에 대한 방어물질로 알려진 인돌류, 글루코시노레이트, 디티올치오닌이 풍부하게 함유되어 있어 식도, 위, 결장, 후두, 전립선, 구강, 인두, 폐, 자궁경부 등의 암에 걸릴 위험을 낮춰준다. 따라서 하루에 반 컵 정도의 브로콜리를 섭취하면 여러 종류의 암, 특히 결장암과 폐암 발생에 대한 예방을 돕는다.

5) 브로콜리 먹는 방법

브로콜리는 1990년대까지만 해도 우리나라에서는 찾아보기 힘든 음식이었지만, 웰빙 열풍 이후 건강에 아주 좋은 식품으로 소개한 뒤부터 먹게 되었다. 하지만 특별한 맛이라고 할 게 없어서 그냥 먹기보다는 삶거나 데쳐서 주로 먹지만 그냥 먹어도 양배추, 배추처럼 달착지근한 맛이 난다. 쌈장 혹은 초고추장 등에 찍어 먹으면 채소의 신선한 맛과 함께 회와 비슷한 느낌도 난다. 유럽이나 미국에서도 3~5분 정도 삶아서 먹는다.

후숙되면 향이나 단맛이 증가하므로 냉장고가 아닌 실온에 보관한다. 너무 차면 맛이 떨어지므로 먹기 1~2시간 전에 냉장고에 넣어 시원하게 먹는 것이 좋다.

6) 브로콜리 쥬스

① 재료
사과 ½개, 키위 1개, 오렌지 1개, 브로콜리 ½개, 세척용 식초 2T

② 만드는 방법
- 큰 그릇에 물을 넣고 사과, 브로콜리 등을 담가 놓고 식초 2T를 넣은 후 5분 정도 담가 놓는다.
- 케일과 사과를 건져 물기를 털어낸다.
- 사과는 반을 나눈 후 씨와 꼭지 부분을 제거하고 적당히 잘라준다.
- 키위는 껍질을 제거하고 반을 나눈다.
- 오렌지는 껍질을 제거하고 반을 나눈다.
- 브로콜리를 반으로 나눈다.

- 블렌더에 사과, 키위, 브로콜리, 오렌지를 넣고 갈아준다.
- 그릇에 담아낸다.

08. 해독작용을 하는 미나리

미나리는 우리 민족에게 오랫동안 봄의 향긋함을 전해주는 정겨운 채소다. 미나리는 미나리과에 속하는 다년생초로서 습기가 있는 곳이나 도랑, 물가에서 자란다. 미나리는 당근이나 셀러리와 같이 미나리과에 속하며 아시아가 원산지이며, 우리나라를 비롯하여 만주, 인도, 동남아시아, 오세아니아 등지에 야생도 하고 재배도 하나 서양에서는 좀처럼 보기 힘든 채소이다.

미나리는 전세계에 2,600여 종이나 있으며, 미나리의 다른 이름으로는 근채, 수채, 수영 등이 있다. 일본에서 많이 이용되는 삼엽채(三つ葉; 미쓰바)나, 중국에서 많이 이용되는 향이 강한 고수(芫荽; coriander)도 같은 미나리과이다. 중국과 일본을 비롯해 동남아시아, 오세아니아 등에 분포하고 있지만, 유럽에서는 찾아보기 어렵다.

1) 미나리 재배

미나리는 주로 영양번식을 하는 작물로, 해당 지역의 기후와 풍토에 맞게 적응해 왔기 때문에 다양한 변이를 나타내고 있다.

미나리는 심은 후 35일~40일이면 잎과 줄기를 수확할 수 있어 매우 빠르게 수확할 수 있다. 수확 후에는 마디에서 다시 줄기가 성장하므로 연속 수확이 가능하다. 수확 횟수가 많아짐에 따라 줄기가 가늘어지고 수확량이 줄어드는 경향이 있다.

2) 미나리의 성분

미나리는 단백질, 지방, 당질, 섬유질, 비타민, 무기질, 철분 등이 풍부하다. 그리고 비타민 A, B군, C와 각종 미네랄이 풍부하다.

〈표-2-8〉 미나리의 성분

영양분	함량	영양분	함량
단백질(g)	1.9	인	50
지질(g)	0.1	철	1.6
당질	2.5	비타민 A(IU)	720
섬유	0.8	비타민 B_1(mg)	0.04
회분	1.1	비타민 B_2(mg)	0.13
칼륨	400	나이아신(mg)	1.2
칼슘	33	비타민 C(mg)	190
나트륨	18		

3) 미나리의 효능

미나리는 소변을 잘 보게 하고 해독작용이 있어 예부터 한방에서 약초로 애용되어 왔다. 각종 미네랄이 풍부하여 간 기능을 개선시킨다. 미나리에 함유된 칼륨은 몸속에서 나트륨 작용을 억제해 수분과 노폐물 배출을 돕고 신장의 기능을 촉진한다. 단, 칼륨 함량이 높아 신장결석이나 요로결석이 있는 환자는 피한다.

미나리는 강장, 해열, 이뇨 작용 뿐 아니라 보온과 발한 작용을 한다. 특유의 방향성분(정유 성분 ; 이소람네틴, 페르시카린, 알파파이넨, 미르센 등)을 가지고 있어 입맛을 돋우어주고 정신을 맑게 해주며 혈액을 깨끗하게 하는 약리 작용이 있다. 미나리에서 추출된 플라보노이드 중 기능성을 갖는 것들이 많고, 이중 페르시카린은 간을 보호하는 작용이 있는 것으로 알려져 있다.

4) 미나리 먹는 방법

미나리는 일반적으로 생선탕이나 볶음의 부재로 많이 사용하지만, 생으로 녹즙을 짜 먹거나 김치의 재료로 이용하면 시원한 맛을 낸다. 특히 생선탕의 비릿한 맛을 잡고 풍미를 돋우는 탁월한 효과가 있다.

그리고 미나리는 살짝 데쳐서 나물무침, 초무침으로도 이용하며, 쇠고기나 낙지 미나리강회, 산적 등에 넣어 먹을 수 있다. 그 외에도 삼겹살에 쌈으로 곁들여 즐기면 독특한 향으로 돼지고기의 비린내와 느끼함을 동시에 잡을 수 있는 등 다양한 요리로 이용할 수 있다.

미나리는 잎이 짙은 녹색을 띠며 줄기를 만져보아 단단하고 마디 사이가 짧은 것을 고른다.

5) 미나리 무침

① 재료

돌미나리 120g, 양파 ⅓개, 고춧가루 2T, 진간장 2T, 설탕 ⅔T, 2배 식초 1T, 참기름 1T, 통깨

② 만드는 방법

- 미나리를 흐르는 물에 깨끗하게 세척한다.
- 먹기 좋은 크기로 해서 4, 5 등분 한다.
- 양파도 한 겹씩 벗겨서 적당히 준비한다.
- 볼에 재료들을 담아서 가볍게 섞어준다.
- 고춧가루 2T, 식초 1T, 진간장 2T, 설탕 ⅔T, 참기름, 통깨 등으로 양념을 만든다.
- 미나리와 양파에 양념을 넣어 무친다.

제3장
암을 예방하는
레드 푸드

01. 레드 푸드란 무엇인가?

붉은색을 띠는 채소와 과일에는 항암 효과가 있는 라이코펜과 안토시아닌이라 불리는 파이토케미컬을 함유하고 있다. 빨간색 채소와 과일은 피를 연상하게 하는데, 붉은색은 건강과 에너지의 상징이고 과일의 빨간색은 우리 몸 안에서 유해산소를 제거하는 역할을 한다.

특히 라이코펜은 항암 효과, 면역력 증가, 혈관을 튼튼하게 하고 안토시아닌은 노화를 진행시키는 체내 유해산소를 제거하는 항산화제로서 작용한다. 활성산소는 노화를 유발하고 DNA를 손상시키는 물질인데 리코펜은 산화방지 효과가 있어 인체 DNA내의 위험한 인자들을 억제한다. 동맥의 노화진행을 늦추는 것으로 보고돼 있다.

또한 빨간색 과일과 채소에는 염증 반응을 억제 시키고 항산화 작용이 있는 플라보노이드가 함유되어 있으며 비타민 C와 엽산도 풍부하다. 비타민 C는 가장 불안정한 비타민으로 열, 염기, 자외선, 금속(Fe, Cu)에 파괴되고, 공기 중에서 산화된다. 그러나 산에는 안정적이다. 그리고 자신의 산화, 환원 작용으로 인하여 탄수화물, 지방, 단백질 대사에 관여한다.

붉은색을 띠는 레드 푸드의 대표적인 채소와 과일에는 사과, 토마토, 석류, 딸기, 수박, 붉은 피망, 고추, 비트, 구아바, 크랜베리, 라즈베리, 체리 등이 있다.

02. 노화 방지에 좋은 토마토

토마토 만큼 세계 각국의 식탁에서 골고루 사랑을 받고 있는 식품도 드물 것이다. 토마토는 이미 오래전부터 비만, 고혈압, 당뇨병 등의 식이요법에 이용되어 왔으며, 채소이면서 과일의 특성을 고루 갖춘 우수한 알칼리성 식품이다. 서양에선 토마토가 샐러드나 요리 재료로 이용되지만, 한국에서는 식후 과일로 먹는 경우가 많았다.

그러나 토마토가 몸에 좋고 중요한 건강식품으로 인식하게 된 계기는 KBS 1TV에서 방영된 연속기획 4부작 <노화 방지를 위해 먹어야 할 4가지>을 방영함에 따라 토마토는 젊음을 유지시켜 주는 음식 보약으로 더욱 화제가 되었다.

1) 토마토의 기원

토마토는 원래 페루, 에콰도르 등 남아메리카 서부 고원지대에서 자생하던 식물이다. 16세기 무렵 포르투갈 사람들이 남미를 정복하고 나서 토마토 씨앗을 구해 귀국하여 이탈리아로 전파됐으며, 17세기 들어서면서 이탈리아를 비롯한 유럽 국가에서 널리 전파되었지만, 토마토를 화초(관상식물)로만

여겼기 때문에 곧바로 식용화되지는 못하다 18세기에 들어와 이탈리아에서 식용으로 사용하기 시작하였다. 유럽 전역과 미국에서 본격적으로 재배된 것은 19세기에 들어와서이다. 현재는 전세계에서 채소 작물 중 가장 많이 나고 또 식재료로 많이 쓰이는 것이 바로 토마토다.

2) 토마토의 재배

토마토는 더운 곳에 사는 식물로 5~35℃에서 자라나, 성장하는데 적절한 온도는 21~26℃다. 토마토는 햇볕에 강한 작물로 햇볕이 약한 곳에서 재배하면 색깔이 나쁘고 단맛과 비타민 C 함량도 낮아진다.

토마토의 뿌리는 땅속 깊이 자라는 성질이 있고 깊고 넓게 뻗으므로 건조함과 적은 비료에도 잘 견딘다. 반대로 공중습도가 높으면 회색 곰팡이병이나 역병이 많이 생긴다. 실내에서 기를 때는 흙의 영양이 제한되어 있어 흙의 선택도 중요하다(밭흙 : 부엽토 : 모래 = 5:3:2). 토양산도는 pH 6~6.4 정도가 좋다.

토마토는 90% 이상이 수분이고 과실도 95%가 수분이므로 수확할 때까지 많은 수분이 필요하다. 재배에 적합한 공기 습도는 65~85% 정도이며 60% 이하에서는 잘 자라지 못한다.

3) 토마토의 성분

토마토 약 100g당 19kcal이며, 94%가 수분으로 구성되어 있다. 탄수화물은 주로 단순당과 불용성 섬유질로 구성되고, 탄수화물 4g, 식이섬유 2.6g이 들어 있다. 그리고 비타민 C, 베타카로틴, 비타민 B군, 비타민 C 등이 풍부하다.

〈표-3-1〉 토마토의 성분

영양분	함량	영양분	함량
단백질(g)	1.03	철(mg)	0.19
지 질(g)	0.18	칼륨(mg)	250
당 질(g)	2.3	나트륨(mg)	2
섬유질(g)	2.6	칼 슘(mg)	2.6
회 분(g)	0.9	인(g)	0.03
베타카로틴	380	비타민 B_1(mg)	0.013
비타민 B_2(mg)	0.037	나이아신(mg)	0.311
비타민 C(mg)	14.16		

4) 토마토의 효능

토마토의 붉은색의 라이코펜은 뛰어난 항산화력으로 암을 예방하는 탁월한 효능이 있다. 그리고 뇌의 활성산소 생성을 억제해 뇌세포 파괴를 막아 치매 예방에 탁월한 효과가 있다. 최근 연구에 따르면 토마토에 함유된 알파 리포산(alpha-lipoic acid)도 뇌 조직 보호에 도움을 줄 뿐 아니라 이미 발병한 알츠하이머 진행도 지연시켜 준다고 한다.

토마토는 만병통치약이라 할 수 있을 만큼 그 쓰임새가 많다. '토마토가 빨갛게 익으면 의사의 얼굴이 파랗게 질린다'는 서양 속담이 있다. 토마토를 먹으면 병을 앓을 일이 없어 의사를 찾지 않기 때문이라는 얘기다. 이처럼 토마토의 효능을 단언할 정도이니 토마토에 대한 서구인들의 믿음이 얼마나 큰지 알 수 있다. 토마토의 효능은 다음과 같다.

① 다이어트에 효과

토마토는 여러모로 다이어트에 효과적인 식품이다. 토마토는 대표적인 저칼로리 식품으로 작은 토마토 1개(100g)의 열량이 16kcal로 100g에

148kcal인 밥과 비교하면 9배 이상 차이가 나고, 85kcal인 사과보다 5배 이상 적다. 반면 수분과 식이섬유가 많아 포만감은 상당히 큰 편이다. 따라서 식사를 하기 전 미리 토마토를 하나 먹으면 포만감을 느끼면서도 신진대사를 활발하게 하여 식사량을 줄이는 다이어트 효과를 볼 수 있다. 게다가 토마토는 비타민과 칼륨, 칼슘 등의 미네랄이 많아 다이어트 도중에 일어나기 쉬운 영양 결핍 상태를 예방할 수 있다.

② 노화 방지

이탈리아 사람들은 육식 위주의 식사를 하기 때문에 채소 섭취량은 우리나라 사람들보다 적다. 한국인이 이탈리아 사람들보다 몸에 좋은 채소를 더 섭취하지만, 평균수명은 이탈리아 사람들이 평균 6~7세 정도 높은 편이다.

분명히 육식을 많이 하는 사람들이 단명하다고 하는데도 불구하고 이탈리아 사람들이 수명이 긴 원인은 바로 토마토 섭취량의 차이 때문으로 보고 있다. 실제로 이탈리아 사람들은 우리가 매일 먹는 밥만큼이나 매일 토마토 요리를 먹고 있다고 한다. 이처럼 토마토에는 사람들의 장수와 노화 방지에 영향을 미치는 영양소가 많이 들어 있다.

활성산소는 생체조직을 공격하고 세포를 손상시키는 산화력이 강한 산소로 인체의 노화를 유발하고 DNA를 손상시키는 물질이다. 그런데 토마토의 빨강 색소에 들어 있는 카로티노이드는 분자 속에 산소를 함유하지 않기 때문에 인체 세포의 노화를 막아주는 셈이다. 또한 리코펜의 산화 방지 효과는 인체 DNA 내의 위험한 인자들을 활동을 억제함으로 인해 노화 진행을 감소하는 역할을 한다.

③ 암예방

한 실험 결과에서도 전립선 암세포를 주입한 쥐들에 인공 합성한 리코펜을 저단위로 투여한 결과 42일 만에 암세포 증식이 50% 이상 억제되는 효과가 나타났으며 비타민 E를 함께 투여했을 때는 그 효과가 73%까지 높아졌다고 밝혔다. 리코펜은 잘 익은 토마토에 존재하는 일종의 카로티노이드 색소로 전립선암 및 유방암을 비롯한 각종 암 발생 위험을 현저히 줄여준다.

토마토에 들어 있는 비타민 C는 다른 과일이나 채소에 들어 있는 비타민 C보다 발암 물질을 억제하는 작용이 강하다. 특히 소금에 절인 짠 반찬이나 구운 고기를 좋아하는 사람들은 식사를 할 때 토마토를 곁들여 먹으면 좋다. 짠 음식이나 구운 고기는 암 등의 성인병을 일으키기 쉬운데 토마토는 발암 물질 활동을 억제하는 작용을 하기 때문이다.

④ 비타민의 보고

토마토에는 다양한 비타민이 들어 있다. 비타민은 체내에서 생성하지 못하고 외부 음식물에서 섭취해야 한다. 토마토 2개 정도만 먹어도 하루에 필요한 비타민 권장량의 대부분을 섭취할 수 있을 정도로 풍부하다.

토마토에 들어 있는 각종 비타민은 성장 촉진, 눈, 상피세포의 건강 유지, 질병의 저항력. 성장발육, 아미노산 대사의 조효소로 사용된다. 또한 비타민 결핍으로 생기는 각종 질병으로부터 보호받을 수 있다.

⑤ 뇌세포기능 촉진

토마토에 들어 있는 신경계에서 신경 전달 물질인 글루타메이트는 피로를 회복시켜 주는 작용과 함께 감각인지나 학습, 기억과 같은 기초적 과정에서 역할을 하며 뇌의 기능을 촉진한다. 따라서 토마토를 많이 먹게 되면 활발한 뇌의 활동을 촉진시키고 기억력을 오래 유지하는 역할을 수행한다.

⑥ 콜레스트롤 감소

콜레스테롤(cholesterol)은 두 얼굴을 가지고 있어서 우리 몸에 꼭 필요한 역할을 하기도 하지만, 불필요한 역할도 수행한다. 특히 콜레스테롤이 너무 많으면 결국 혈액 내 지방량이 늘어나면서 혈관이 막힐 뿐 아니라 당뇨 위험도 높인다. 따라서 나쁜 콜레스테롤이 혈관을 망치는 만병의 근원인 셈이다.

토마토에 함유되어 있는 펩틴(pectin)은 수용성의 펙틴산으로 다당류의 일종으로 잼이나 젤리의 원료로 사용할 수 있다. 특히 펙틴산은 혈청 및 간장 중의 콜레스트롤의 양을 저하시켜 준다.

5) 토마토 먹는 방법

리코펜이 많은 토마토를 고르려면 가급적 붉게 익은 걸 고르는 게 좋다. 그러나 식사 때마다 토마토를 챙겨 먹는 게 쉬운 일은 아니다. 대신 토마토 주스나 토마토 케첩을 자주 챙겨 먹어도 좋다. 또한 식사 때 토마토 주스를

함께 마시면 토마토의 카로틴이 지방을 녹이고 소화를 도와 위의 부담도 줄
어든다.

항암 작용을 하는 리코펜과 비타민도 거의 손상되지 않은 채 들어 있어
생토마토를 먹는 것과 같은 항암 효과를 기대할 수 있다. 리코펜의 흡수과정
에서 지방을 필요로 하는 기름에 잘 녹는 지용성이기 때문에 생토마토보다
기름으로 조리한 토마토를 먹거나 지방 성분과 함께 먹으면 더 잘 흡수된다.
토마토 주스를 아무리 많이 마셔도 체내 리코펜 농도는 큰 차이가 없지만,
기름으로 가볍게 조리한 토마토를 먹으면 곧바로 혈중 리코펜 농도가 2~3배
로 높아진다.

6) 토마토 주스

① 재료
완숙 토마토 4개, 소금 1T, 엑스트라버진 올리브유 2T, 꿀 또는 매실청

② 만드는 방법

- 토마토는 깨끗이 씻어 꼭지를 떼어내고, 열 십자로 칼집을 낸다.
- 끓는 물에 소금 ½T를 넣어 토마토를 굴려 가며 2분 정도 데친다.
- 찬물에 헹궈가며 껍질을 벗긴다.
- 소금 약간과 꿀 또는 매실청 2T, 엑스트라버진 올리브유 2T를 넣고 블렌더로 곱게 간다.
- 완성된 주스를 컵에 담아낸다.

03. 면역 기능을 높이는 딸기

딸기는 단맛과 신맛이 잘 조화된 과일이며 향기가 풍부하다. 딸기는 꽃받침 부분이 과육으로 자라난 헛열매이며 과육은 식용한다. 즉 딸기의 진짜 열매는 과육 부분이 아니라 씨처럼 생긴 부분이다. 겉에 약 200개 정도의 많은 씨앗이 붙어 있다.

1) 딸기의 기원

재배종 딸기가 나오기 이전에는 야생딸기가 존재했으나, 대부분 극지와 가까운 고위도 지역이나 고산지대에서 자라는 종들이고 고온에 약해 온대 지역에서는 인공적으로 키우기 부적합했다.

현대 딸기의 시초는 1712년으로 거슬러 올라간다. 프랑스의 식물학자 아메데 프랑수아 프레지에(Amédée-François Frézier)가 칠레에서 구한 야생 딸기 종자를 파리에 심었다. 문제는 토종 칠레 딸기는 빨갛고 예쁜 계란 크기의 탐스러운 열매를 맺었지만 먹을 수는 없는 종자였고, 게다가 유럽에서는 풍토가 맞지 않았기 때문인지 아예 열매조차 맺지 못했다. 영국의 필립 밀러가 남미 칠레의 야생 딸기와 북미 버지니아주의 야생 딸기를 교배시켜 새로운 종자를 얻는 데 성공한다. 이 딸기가 지금 우리가 먹는 재배용 딸기의 원조가 되었다. 그리고 품종이 우수한 묘목을 선별해 대량으로 재배를 시작한 것이 1806년 전후다.

서양 딸기가 우리나라에 전해진 것은 1920~30년대 무렵으로 추정되며, 우리나라나 중국에서 딸기를 먹기 시작한 것은 20세기 초반이다. 우리나라에서는 1943년에 경상남도 밀양시 삼랑진읍에서 처음 딸기 재배가 이루어졌다.

2) 딸기의 성장

본래 딸기의 제철은 6월인데, 시설 재배 시기가 빨라지면서 이제는 점점 겨울 식물이 되어가고 있다. 딸기가 겨울 과일이 된 이유는 딸기가 대부분

시설로 재배되어서 계절을 타지 않게 된 이후로는, 재배 농가들이 경쟁 과일이 적은 겨울 시장을 집중적으로 공략하기 때문이다.

딸기는 저온성 식물이어서 고온다습한 6월 이후 여름에는 시설 온도를 맞추어주기가 부담되나 겨울에는 한반도 기후 특성상 일조량이 많아 당도가 최대로 올라가며, 병충해가 없어 관수와 보온만 잘 관리해주면 딸기 키우기가 매우 수월하기 때문이기도 하다.

시설 재배 딸기는 노지 재배 딸기에 비해 당도가 높으며, 단위 면적당 생산량도 노지 재배보다 많기 때문에, 노지 재배에 적합한 일부 지역을 빼면 전부 시설 재배로 교체되었다. 요즘은 고설재배라고 하여, 흙에 키우는 것이 아니라 아예 배양액으로 수경재배를 한다.

3) 딸기의 성분

딸기는 과일 중에 비타민 C가 가장 많고, 신맛을 내는 유기산이 0.6~1.5% 함유되어 있다. 비타민 함량은 100g 중에 80mg으로 레몬의 두 배로,

딸기 5~6개(약 70g 정도)이면 성인이 하루에 필요로 하는 비타민 섭취량을 충분히 만족시킬 수 있다. 또, 딸기에는 포도당을 비롯해 저당, 과당 등이 풍부하게 들어있다. 끝부분이 가장 달고, 가운데 부분과 꼭지에 가까운 부분은 과당이 떨어진다. 단맛 말고도 딸기에 함유된 말산, 구연산, 타르타르산 등의 작용에 의해 새콤달콤함이 더해진다.

〈표-3-2〉 딸기의 성분

영양분	함량	영양분	함량
단백질(g)	0.9	인	28
지질(g)	0.2	철	0.4
당질	7.5	비타민 A(IU)	10
섬유	0.8	비타민 B_1(mg)	0.02
회분	0.5	비타민 B_2(mg)	0.03
칼륨	200	나이아신(mg)	0.3
칼슘	17	비타민 C(mg)	80
나트륨	1		

4) 딸기의 효능

딸기의 붉은색은 안토사이닌 색소로 항산화 물질이다. 안토시아닌은 시력 향상과 당뇨병 조절에 도움을 주고 혈액 순환을 증진시킨다. 그리고 여러 가지 호르몬을 조정하는 부신피질의 기능을 활발하게 하므로 체력증진에 효과가 있다.

딸기는 레몬의 2배, 사과의 10배에 달하는 비타민 C를 함유하고 있다. 딸기의 비타민 C는 각종 호르몬의 기능을 활성화시켜 우리 몸의 신진대사를 도우며, 환절기에 취약한 면역력을 높여주고, 인체의 빠른 회복을 돕는 등 우리 몸의 건강관리를 도와준다. 또한 딸기에는 철분이 가장 많이 함유되어 있으므로 빈혈이 있는 사람에게 좋고 혈액을 좋게 해 준다. 또 비타민 C를 비롯한 각종 성분은 피부를 윤택하게 해주는 효능이 있다.

신선한 딸기는 이뇨, 지사, 류머티즘성 통풍에 약효가 있는 것으로 인정되었다. 최근의 한 연구에서는 딸기즙이 소아마비, 수막염, 헤르페스 등의 바이러스에 대한 항균 효과를 지닌 것으로 보고되기도 하였으며, 딸기에 들어있는 섬유소 펙틴은 혈중 콜레스테롤을 낮춘다는 실험 결과도 보고되어 있다.

그 외에도 해열, 이뇨, 거담 작용을 하여 감기, 기관지염, 기타 호흡기 질병에 효과를 나타내며 간세포 기능을 소생시키는 작용도 뛰어나다.

5) 딸기 우유

① 재료

딸기 10개, 우유 ½컵, 올리고 당 1T, 딸기청

② 만드는 방법

- 딸기를 물로 헹구어 이물질을 닦아 낸다.
- 물기를 제거하면서 변질된 딸기를 골라낸다.
- 딸기를 믹서로 갈면서 우유와 올리고 당을 넣어서 잘 섞어준다.
- 완성된 딸기 우유를 컵에 넣는다.

04. 항산화 작용을 돕는 사과

사과는 알칼리성 식품으로, 칼로리가 적고 몸에 좋은 성분이 많이 들어 있다. 사과라는 뜻의 '말루스(malus)'는 악을 뜻하는 '말룸(malum)'과 비슷하여 기독교 문화권에서 전통적으로 선악과로 표현된다. 지금의 이탈리아와 오스트리아가 접하는 국경을 기준으로 북쪽의 유럽에서는 포도가 잘 자라지 못하는 기후로 인하여, 사과를 숭배하였다. 심지어 천국을 아발론(Avalon) 즉 사과의 섬이라고 부르면서 사과를 신성시하기도 하였다.

1) 사과의 기원

사과나무의 원산지는 발칸반도로 알려져 있으며 4,000년 이상의 재배 역사를 가진 것으로 추정된다. 그리스 로마 시대에도 재배한 것으로 기록이 남아 있으며, 16~17세기에 걸쳐 유럽 각지에 전파되었다. 17세기에는 미국에 전파되었고 20세기에는 칠레 등 남미 각국에 전파되었다. 19세기 초까지는 영국이 세계 최대 생산국이었으나 19세기 말에 들어서는 미국에서 육종이 성행하여 최대의 생산국이 되었으며 한때 러시아가 세계 최대 생산국이었다가 지금은 중국이 전세계 생산량의 48%를 차지하고 있다.

한국에서는 예로부터 재래종인 능금나무를 재배했다. 1884년 무렵에는 선교사들이 서양 품종을 들여와 관상수로 심었다. 대구·경북 지방 사과는 1899년 선교사로 왔던 우드브릿지 존슨이 대구에 있는 그의 사택에 심은 72그루의 사과나무로부터 널리 퍼졌다.

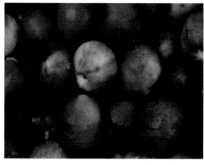 

2) 사과의 종류

세계적으로 재배되고 있는 품종은 700여 종이 되지만, 대한민국에서 유실수로 재배되고 있는 품종은 10여 종이다. 사과의 품종은 수확기에 따라 조생종·중생종·만생종으로 나뉘고, 색깔에 따라 홍색사과·황색사과·녹색사과로 구분한다.

현재 널리 재배되고 있는 품종에는 스타킹·골든딜리셔스·축 등이 있고, 근래에는 조나골드·부사 등이 있다. 대한민국에서는 홍옥이 오랫동안 재배되었으나 현재는 적은 수가 재배되고 있다.

3) 사과의 성분

사과의 영양적 성분은 당분 유기산 무기성분 아미노산 향기 성분으로 크게 나눌 수 있다. 사과의 수분 함량은 평균 85%이고 단맛성분인 당분은 11~14%가 들어 있다. 당 종류로는 과당이 반 정도 차지하고 나머지 포도당 설탕이 각각 들어있다. 신맛 성분인 유기산은 사과 품종이나 성숙도에 따라 0.2~0.8% 들어 있다.

〈표-3-3〉 사과의 성분

영양분	함량	영양분	함량
단백질(g)	0.2	철(mg)	0.1
지 질(g)	0.1	칼륨(mg)	110
당 질(g)	13.1	나트륨(mg)	1
섬유질(g)	0.5	칼 슘(mg)	3
회 분(g)	0.3	인(g)	8
비타민 A(IU)	10미만	비타민 B$_1$(mg)	0.01
비타민 B$_2$(mg)	0.01	나이아신(mg)	0.1
비타민 C(mg)	3		

4) 사과의 효능

사과는 알칼리성 식품으로, 칼로리가 적고 몸에 좋은 성분이 많이 들어있다. 식이섬유는 혈관에 쌓이는 유해 콜레스테롤을 몸 밖으로 내보내고 유익한 콜레스테롤을 증가시켜 동맥경화를 예방해 준다. 또한 칼륨은 몸속의 염분을 배출시켜 고혈압 예방과 치료에 도움을 준다.

아침 사과는 보약이라는 말이 있을 정도로 다른 과육에 비해 탄수화물과 비타민 C, 무기염류가 풍부하며 단백질과 지방이 비교적 적어 사과를 많이 먹으면 뇌졸중 발생 위험이 줄어든다.

사과에 들어 있는 팩틴은 대장암을 예방하는 유이관 지방산을 증가시키고, 붉은색 사과에 풍부한 폴리페놀 성분은 대장 내에 머무는 동안 장 내의 항암 물질 생산을 해서 유방암 예방을 도우며, 노화를 방지하며 하얗고 뽀얀 피부를 만들어 준다. 또한 사과에는 기억력 향상과 뇌세포 보호를 돕는 케르세틴 성분이 들어 있다. 이는 뇌에 신경을 전달하는 물질인 아세틸콜린의 양을 증가시켜 준다. 사과의 주요 향기는 30여 종이며 에스테르 알콜 및 알데히드류가 많아 향기가 풍부하다.

사과 씨에는 생명의 위협을 주는 극소량의 청산가리가 들어있는 것으로 알려져 있다.

5) 사과 먹는 방법

사과는 열을 가하게 되면 영양소는 파괴되기 때문에 생으로 먹는 것이 좋다. 그러나 사과가 많아서 생으로 먹는 것이 어렵다면 가열하지 않고 샐러드에 넣어 먹거나, 초고추장에 무쳐 먹는 것이 좋다. 사과를 가열해서 먹으려면 사과잼, 사과 젤리, 사과 차를 만들어 먹는 것이 좋다.

6) 사과잼

① 재료

사과 2개, 설탕 500g, 레몬 ½개

② 만드는 방법

- 레몬은 껍질을 벗긴다.
- 사과를 반으로 갈라서 레몬과 믹서에 간다.
- 과육을 냄비에 넣고 가열한다.

- 설탕을 넣는다.
- 냄비를 불에 올리고, 불은 중불로 가열한다.
- 끓으면 저어준다.
- 완전히 끓어오른 다음 레몬을 넣어준다.
- 완성되면 용기에 담는다.

05. 식욕을 자극하는 고추

고추는 가지과에 속하는 매운맛을 내는 작물로 아메리카 대륙의 열대지역인 중남미가 원산지다. 고추는 열대 지방에서는 여러 해에 걸쳐 사는 다년생이지만, 온대지방에서는 늦봄부터 여름에 걸쳐 재배하고 겨울을 나지 못하므로 1년생에 속한다. 고추는 대표적인 양념 재료로 생으로 먹기도 하고, 말려서 분말로 사용하기도 한다.

1) 고추의 기원

고추의 원산지는 아메리카 대륙의 열대 지방인 중남미에 널리 분포되어 있어서 정확한 원산지는 찾아내기 어렵지만, 볼리비아나 아마존강 유역에서 탄생한 것으로 추측된다. 고추는 인류의 역사가 시작되기 이전에도 존재한 것으로 추측할 수 있지만, 실제로 고추를 먹기 시작한 것은 약 9천 년 전부터 야생종을 개량해 식용으로 사용한 것으로 추측되고 있다. 기원전 6500년경에는 고추로 추정되는 종류가 출토되었으며, 페루에서는 약 2000년 전부터 재배된 것으로 알려져 있지만 실제로 고추와 관련된 유물이 발견된 기원전 850년경에 재배가 확실했던 것으로 알려져 있다.

고추는 생으로도 먹을 수 있고 건조시켜 먹으며, 들짐승들의 고기나 물고기의 냄새를 중화시키고 보존하는 데 쓰이게 되었고 식욕을 촉진시켜 주고 원기를 회복해주는 효과가 있어 이용 가치가 높은 채소로 취급되었다. 고추의 원산지인 중남미는 역사가 오래된 만큼 고추의 종류가 다양하다. 고추는 매운맛과 향, 크기에 따라 그 가짓수가 무려 200여 가지나 된다.

2) 고추의 재배

고추는 주로 밭에서 재배되며, 씨를 바로 심는 것보다는 밭을 준비하고 2주 후에 모종을 심는 것이 좋다. 아주 심은 지 20일 정도가 지나면 뿌리는 자리를 잡고 왕성하게 성장하기 시작한다.

고추를 심은 지 2달 정도 지나면 고추가 다 자라 높이는 약 60cm로 자라며, 잎은 어긋나게 나오고 잎자루가 길며 달걀 모양의 창처럼 양 끝이 좁은 편이다. 고추의 꽃은 여름에 잎겨드랑이에서 1개씩 밑을 향해 달리는데, 꽃의 색깔은 흰색이고 꽃받침은 녹색이고 끝이 5개로 얕게 갈라진다.

고추는 고온성 작물로서 발육에 알맞은 온도는 25℃ 정도가 적당하다. 고추는 비가 적고 따뜻할수록 매운맛이 난다. 고추는 비옥하고 물이 잘 빠지는 곳이면 잘 자라며, 비교적 손질을 하지 않아도 잘 자라는 편이다. 고추는 용도에 따라 말린 고추용과 풋고추용의 2가지로 나눌 수 있다. 한국의 고추 종류는 약 100여 종에 이르며 산지의 이름을 따서 청양·영양·음성·임실·제천 고추 등으로 부른다.

3) 고추의 성분

고추에는 의외로 우리 몸에 좋은 작용을 하는 성분들이 많다. 그중에서도 가장 돋보이는 것은 고추만이 가지고 있는 특유의 매운맛을 내는 알칼로이드의 일종인 캡사이신(Capsaicin)이다.

고추에 들어 있는 캡사이신 성분이 지방세포에 작용하여 몸속 지방을 분해하는 작용을 하기 때문에 다이어트 식품으로도 권장되며 일본 여성들은 병에 담아 다니기도 한다. 캅사이신은 휘발성 물질로서 과피에는 비타민 A와 비타민 C가 대량 함유되어 있다. 특히 고추에 비타민이 매우 많이 함량되어 있어 비타민 A가 7.405IU나 존재한다.

〈표-3-4〉 고추의 성분

영양분	함량	영양분	함량
단백질(g)	10.9	철(mg)	0.4
지질(g)	15.2	칼륨(mg)	210
비타민 A(IU)	7.405	칼슘(mg)	123
비타민 B$_2$(mg)	0.3	비타민 B$_1$(mg)	0.3
비타민 C(mg)	220	나이아신(mg)	0.2

비타민 A가 만들어지는 과정은 푸른 고추가 빨갛게 익어가면서 색소 성분인 카로틴이 지방산과 결합해서 캅사이신으로 전환되는데 이것이 체내에 들어가면 비타민 A로 바뀐다. 이 비타민 A는 호흡기 계통의 감염에 대한 항력을 높이고 면역력을 증진시켜, 질병의 회복을 빠르게 한다는 사실이 잘 알려져 있다. 요즘처럼 밀폐된 환경에서 에어컨을 사용하게 되면 냉방병에 걸리기 쉬운데 비타민 A는 냉방병을 해결하는 데 도움을 준다.

고추에는 단맛도 나는데 이는 고추에 포도당, 과당, 자당, 갈락토스 등이 유리당으로 존재하기 때문이며, 그밖에 다당류로는 라피노제가 존재해 이들 당류가 특유의 단맛을 내는 데 영향을 주고 있다.

4) 고추의 효능

① 통증 감소

고춧가루에는 우울함을 해소시키는 역할만 있는 것이 아니라 통증을 완화시키는 효과도 있다. 한방에서는 고추가 통증을 완화하는 작용을 이용해 신경통이나 관절통에 고춧가루로 뜸을 뜨기도 한다. 실제로 매운 고추를 유난히 좋아하고 많이 먹는 사람은 고추를 싫어하거나 먹지 않는 사람들에 비하여 웬만한 통증에도 둔감한 편이다. 따라서 고추를 먹는 나라의 사람들이 먹지 않는 나라 사람들보다는 고통을 참는 인내력이 강하다. 그만큼 고추를 먹은 사람은 튼튼하다는 것을 말하며, 국민성을 강단 있게 하거나 열정이 넘치게 한다.

② 우울감 해소

요즘 우리 사회는 우울한 뉴스들로 가득 차 있다. 코로나와 경기 불황으로 청년실업이 넘쳐나고, 물가상승에 주가 폭락 등으로 농촌도 도시도 불황의 그늘에서 힘겨운 나날을 보내고 있다. 우울할 때 매운 음식을 찾게 되고 고추를 찾게 되는데 화나 우울감을 해소하는 방법으로 효과적이다.

③ 암 예방

최근 고추, 카레, 적포도주, 브로콜리 등 암 예방 식품의 작용 메커니즘이 분자 수준에서 규명되고 있다. 더욱이 고추는 암을 예방할 뿐 아니라 암 전이도 억제하고 암세포를 죽이기까지 하는 것으로 밝혀지고 있다.

고추의 독특한 매운맛은 캡사이신(capsaicin)이라는 알칼로이드 화합물 때문이다. 고추의 종류와 경작 조건에 따라 캡사이신의 함유량은 0.1%에서 1%까지의 범위 안에서 조금씩 달라질 수 있다. 캡사이신은 고추씨에 가장 많이 함유되어 있으며, 껍질에도 상당량 들어 있다. 이 물질은 고추의 2차 대사 산물로 고추의 발육에는 별 상관이 없으나 다른 식물이나 동물들로부터 고추를 보호하고 그 씨를 퍼뜨려 종자의 번식을 도모하는 데 중요한 역할을 하는 것으로 알려져 있다.

④ 다이어트

실제로 동덕여대 식영과의 연구 결과에 의하면 사람에게 고추발효 추출물을 8주 동안 먹였더니 체중과 체지방도 2.7kg, 1.8kg으로 각각 감소하였다고 한다. 이유는 고추는 칼로리가 낮고 식이섬유와 칼슘이 많아서 다이어트에 많은 도움이 되기 때문이다. 다이어트에 이용하는 고추는 되도록 매운 것이 좋다.

⑤ 스트레스 해소

뜻대로 되지 않는 일도 많거니와 속상하고 답답한 심정을 쏟아 내는 것도 쉬운 일은 아니다. 그래서 사람들은 다른 무언가를 통해 이런 욕구 불만을 해소하고자 애를 쓴다. 이처럼 사회적으로 어려운 일이 생기게 되면 스트레스가 발생하는데 이러한 스트레스를 날리는데 가장 쉽게 할 수 있는 것이 바로 먹는 것을 통한 스트레스 해소 방법이다. 먹는 것을 통한 스트레스의 해소는 스트레스를 발산시킬 수 있는 자극적인 매운맛을 찾게 한다.

매운 떡볶이에 눈물이 나게 매운 낙지볶음, 불같이 매운 닭요리, 입안이 얼얼한 카레와 혀가 아리는 갈비와 같이 온통 매운 고춧가루를 풀어 혀가 아릴 정도의 매운맛을 즐기며 온갖 좋지 못했던 스트레스를 날린다.

⑥ 식욕 증가

매운 음식을 좋아하는 사람들은 고춧가루를 듬뿍 넣은 찌개나 탕을 먹는 동안은 온몸이 더워지고 후끈후끈해져 땀을 뻘뻘 흘리면서 식사를 하게 된다. 그러면서도 "얼큰해서 시원하다", "맛있다"는 표현을 하는 사람들이 많다. 매운맛이 "맛있다"라고 하는 과학적 원리는 고추를 먹으면 그 매운맛인 캡사이신은 입안의 침샘을 자극하여 입안에 침을 돌게 하고 체액 분비를 높여 입맛을 좋게 해주는 효과를 가지고 있다. 또한 캡사이신은 우리 몸의 기운을 발산하고 확산하는 작용을 통해 위액의 분비를 촉진하고 식욕부진을 해소하는 역할을 한다. 그리고 우리가 식욕이 떨어져 있을 때 먹으면 매운맛이 소화를 촉진시키고 침샘과 위샘을 자극해 위산 분비를 촉진시키기 때문에 식욕을 증진해 주는 효과가 있다.

⑦ 피로 회복

고추에는 비타민 C가 엄청나게 많이 함유되어 있는데 이는 푸른색을 띤 풋고추나 빨간색을 띤 빨간 고추나 마찬가지다. 고추에 들어있는 비타민 C는 보통 감귤의 2배, 사과의 30배 정도의 함량이 들어 있어, 고추는 웬만한 과일보다도 비타민 C가 많이 들어 있을 정도로 대단하다. 따라서 한여름 더위에 지칠 때 풋고추를 한두 개 먹으면 비타민 C가 우리 몸의 피로를 덜고 허약해진 신체에 활력을 준다. 우리가 긴 겨울 동안 신선한 채소의 공급없이 김치만 먹는 데도 비타민 C의 부족함을 전혀 느끼지 못하는 것도 고추의 공이라고 할 수 있다.

5) 고추 먹는 방법

고추를 이용한 요리가 우리나라만큼 발달한 나라도 없다. 다른 나라는 고추가 주 요리재료로 사용하기보다는 고추를 향신료로 사용하거나 양념으로 사용하는 경우가 많다 .고추의 용도도 고춧가루를 내는 것에서 고추 피클을 만드는 것, 소스 만드는 것, 통으로 쓰는 것, 볶을 때 쓰는 것 등 다양하다. 그래서 우리나라에서는 고추를 고추전과 고추장아찌, 고추김치 등 요리의 주

재료로 사용하는 것은 물론 고추장이나 김치의 기본양념으로 사용하고 있다. 우리는 여기서 고추의 영양을 다양하게 섭취하기 위한 조상들의 지혜가 깊은 것을 알 수 있다.

우리 조상들의 고추에 대한 이용은 많은 사람이 아는 바와 같이 고추는 조선 중엽에 한반도에 들어왔기 때문에 늦게 사용되었다. 이미 된장과 간장과 같은 장류를 즐겨 먹었던 우리 민족이 늦게 들어온 고추를 그냥 두지 않고 된장을 만들던 콩 가공 기술을 이용하여 고추장이란 멋진 작품을 만들어 내었다. 이제 고추장은 한국인이라면 누구나 즐겨 찾는 필수 장류가 되었고, 외국에 나갈 때는 꼭 챙겨가는 필수 부식이 되었다.

고추장의 제조 원리는 녹말이 가수분해되어 생성된 당의 단맛과 메주콩의 가수분해로 생성된 아미노산의 구수한 맛과 고춧가루의 매운맛을 절묘하게 조화시킨 걸작이라고 할 수 있다. 고추장의 원료는 녹말, 고춧가루, 메줏가루, 소금, 엿기름물 등을 사용하는데, 그중 녹말의 원료로는 일반적으로 찹쌀가루를 많이 사용하며, 멥쌀가루, 보릿가루, 밀가루 등을 사용하기도 한다.

5) 고추 피클

① 재료

고추 50개, 레몬 슬라이스 두 조각, 병 1 ℓ 짜리

[배합초]

물 1 ℓ, 꽃소금 3T, 식초 1컵(180㎖), 설탕 ⅔컵(150㎖), 피클링 스파이스 1T

② 만드는 방법

- 고추는 흐르는 물에 씻어 낸다.
- 레몬은 베이킹소다로 겉면을 잘 문질러서 세척하고 슬라이스한 뒤 씨를 제거한다.
- 병은 열탕 소독한다.
- 냄비에 물 1ℓ, 꽃소금 3T, 설탕 ⅔컵 150㎖, 식초 1컵 180㎖를 넣고 끓인다.
- 배합초가 끓기 시작하면 바로 불을 끈다.
- 식초의 신맛을 좋아하면 식초는 끓고 나서 마무리에 넣어준다.
- 통후추를 넣어준다.
- 피클링 스파이스는 마무리에 불을 끄는 시점에 1T 넣어주고 30초 후 불을 끈다.
- 고추와 레몬을 병에 넣고 뜨거운 배합초를 부어준다.

06. 내 몸의 보약 붉은 피망

　피망은 가짓과의 한해살이풀로 맵지 않고 감미로운 고추 품종을 통틀어 이르는 말로 대개 열매만을 지칭하는 경우가 많다. 피망은 은근한 단맛과 아삭한 식감도 있지만 특유의 원색과 맵싸한 맛과 향 때문에 호불호가 많이 갈리는 식품이기도 하다.

　피망은 고추과에 속하지만, 캡사이신 함유량이 매우 낮거나 아예 없다. 고추와는 달리 일반적으로 매운맛이 없으나 과피 모양은 고추와 흡사하고 국내에서 적색 또는 황색으로 착색된 것이 생산되어 수출되고 있다.

1) 피망의 어원

　일본인들이 프랑스어 피멍(piment; 고추)에서 따와 피망이라고 부른 걸 그대로 따와서 한국에서도 피망이라고 부르게 되었다. 파프리카는 피망을 가리키는 헝가리어이기 때문에 피망이나 파프리카는 같은 이름인 것이다.

프랑스어 피멍(piment)은 고추류 일반을 말하며, 실제 우리가 피망이라고 부르는 것을 프랑스어로는 뿌아브롱(poivron)이라고 한다. 피망은 영어로 벨 페퍼(bell pepper) 또는 스위트 페퍼((sweet pepper)라고 한다. 따라서 피망은 고추라는 뜻이기 때문에 우리가 부르고 있는 피망은 고추와 품종만 다를 뿐 사실상 같은 종이다.

한국에서는 파프리카를 피망과 전혀 다른 채소로 오인하는 경우가 많으나, 애초에 같은 종인 피망과 파프리카를 정확한 기준으로 딱 잘라 나누는 것은 의미가 없다. 흔히들 과육이 얇고 질긴 것을 피망, 두텁고 아삭거리는 질감이 있는 것을 파프리카라고 구분 짓고 있지만 이 기준은 일본에서 파프리카를 상업적으로 차별화하기 위해서 부르는 명칭이지 품종의 차이는 없다.

어떤 경우는 초록색인 것을 피망, 노란색이나 주황이나 빨간색인 것을 파프리카라고 부르기도 하나 초록 피망이 완전히 익으면 노란색이나 주황 또는 빨간색으로 물들기 때문에 이도 차이가 없다.

2) 피망의 재배

피망은 재배법도 고추와 크게 다르지 않고 모종을 봐도 거의 똑같은 모습을 하고 있다. 피망이 다 자라면 높이는 60cm 정도이며 가지는 적고 잎은 크다. 7월에 꽃이 피고 열매는 짧은 타원형의 장과(漿果)로 꼭대기가 납작하고 세로로 골이 져 있으며 10월에 익는다. 완숙하면 적색 또는 황색이 되는데, 일반적으로 녹색일 때 수확한다.

3) 피망의 성분

피망은 특히 비타민 C의 함유량이 많아 홍피망의 경우는 100g당 비타민 C 함유량이 191mg으로 오렌지에 비해 2배가 많아 다른 식재료들에 비해 매우 많이 함유되어 있다. 따라서 피망 한 개면 성인 일일 비타민 C 요구량을 넘는다.

〈표-3-5〉 피망의 성분

영양분	함량	영양분	함량
단백질(g)	1.3	인	24
지질(g)	0.3	철	0.7
당질	4.9	비타민 A(IU)	0
섬유	2	비타민 B_1(mg)	0.06
회분	0.5	비타민 B_2(mg)	0.09
칼륨	218	나이아신(mg)	1.1
칼슘	8	비타민 C(mg)	191
나트륨	6		

4) 피망의 효능

① 피부 미용

피망은 비타민 C가 굉장히 풍부하게 함유되어 있어 피부 탄력, 미백, 콜라겐 생성, 멜라닌생성억제, 기미 예방, 주근깨 예방 등에 도움을 준다. 그리고 카로티노이드가 함유되어 있어 피부를 윤택하게 하여 주름살을 감소시켜주는 효능도 있다.

② 면역력 증강

피망에는 비타민 A와 비타민 C가 풍부하여 각종 질병, 바이러스로부터 몸을 보호할 수 있는 면역력 증강 효과가 있으며, 스트레스를 완화시켜 준다.

③ 혈관 건강

피망에 함유된 피라진 성분은 혈액이 응고되는 것을 억제시켜 주며, 뇌경색이나 심근 경색을 예방하는 데 효과적이며, 베타카로틴은 항산화 작용으로 혈액을 깨끗하고 탄력있게 유지하는 데 도움을 준다.

④ 소화 활성화

피망에 함유된 식이섬유는 장의 운동을 촉진해주고, 소화 흡수를 도와 주어 소화 불량에 좋으며, 수분을 많이 흡수하여 대변을 부드럽게 해주어 변비의 예방이나 개선에 도움을 준다.

⑤ 노화 방지

피망에 함유된 비타민 C는 유해산소로부터 우리의 몸을 보호해주는 항산화 작용을 하기 때문에 노화 방지에도 좋다.

⑥ 항암 작용

피망에 함유된 베타카로틴은 강력한 항산화 효과를 주는 성분으로, 활성산소의 체내 세포 손상을 방지하고 발암 물질과 독성 물질로부터 보호하여 항암 작용에도 효과가 있다.

5) 피망을 먹는 방법

파이토케미컬인 베타카로틴은 기름에 녹는 지용성 비타민이므로 날것으로 먹는 경우 흡수율은 8%에 불과하지만, 피망을 기름과 같이 조리하면 60~70%로 10배 가량 높아진다. 따라서 피망은 가열할수록 영양가가 높아지기 때문에 생으로 먹는 것보다 요리로 만들어서 가열해 먹는 것이 좋다. 특히 수용성인 비타민 C까지 흡수하고 싶으면 양파와 같은 수분함유량이 높은 채소를 같이 조리하면 비타민 C의 흡수율이 높아진다.

피망을 요리할 때는 기름과 궁합이 잘 맞아서 기름으로 볶아주면 더욱 피망을 맛있게 먹을 수 있으며, 영양분에 대한 흡수율을 높일 수 있다. 그래서 피망을 이용한 요리는 기름에 볶는 중화요리에 가장 잘 어울린다.

6) 피망 꼬치

① 재료

빨간 피망 ¼개, 노란 피망 ¼개, 녹색 피망 ¼개, 닭가슴살 200g, 오이 ½개, 방울토마토 6개, 꼬치 6개, 식용유 약간

② 만드는 방법
- 닭가슴살과 빨간, 노란, 녹색 피망을 같은 크기로 네모로 잘라준다.
- 팬에 식용유를 넣고 닭가슴살을 볶아준다.
- 닭가슴살이 다 익으면 각종 채소와 같이 꼬치에 꽂아 준다.
- 끝부분에 방울토마토를 끼워 준다.

07. 기운을 돋우는 라즈베리

　라즈베리는 장미과 산딸기속(Rubus)에 속하는 먹을 수 있는 열매를 말하며, 우리나라 말로는 나무딸기, 산딸기라고 부른다. 산딸기는 지구의 북반구에 400여 종 이상이 분포하고 있으며, 주로 중국, 미국, 프랑스 등 각국에 분포한다.

　라즈베리(Raspberry)의 뜻은 숲속에서 잘 자라는 식물을 말하며, 식용이 가능한 알록달록하고 동글동글한 열매를 종에 상관없이 모두 베리(berry)라고 부른다. 베리류 중에서 산딸기속에 들어있는 종만을 라즈베리(Raspberry)라고 칭한다. 따라서 산딸기와 라즈베리는 같은 말이나, 한국 토종 산딸기와 유럽 산딸기는 속은 같고 종에서 갈라져 나온 친척이다. 한국에는 토종 산딸기와 복분자가 여기에 해당한다. 복분자(覆盆子)를 먹으면 요강이 소변에 뒤집어진다고 하여 붙은 이름이다.

1) 라즈베리의 특징

딸기와 같은 장미과에 속하지만, 딸기는 딸기속에 속하며 산딸기는 산딸기속이다. 또한 산딸기는 조그맣긴 해도 일단 목본식물(관목)이기 때문에 딸기와 달리 '과일'이라고 정의한다. 블랙베리는 산딸기속에 속하지만 다른 산딸기와는 모양이 좀 다르다.

장미과에 속해서 줄기와 잎 뒤쪽에 가시가 있기는 하나 이 식물 자체가 워낙에 작아서 눈에 잘 띄지 않는다. 하지만 산딸기를 따다가 간혹 가시에 찔리는 경우가 있다.

2) 라즈베리의 종류

국내에서 자생하는 라즈베리는 대부분 산딸기처럼 보이지만 자세히 보면 생김새나 품종이 다르다. 국내에서 생산되는 라즈베리의 종류에는 산딸기, 줄딸기, 멍석딸기, 장딸기, 곰딸기, 거지딸기, 수리딸기, 복분자, 겨울딸기, 오엽딸기, 섬딸기 등 이외에도 수많은 종류의 산딸기들이 있다. 그중 복분자딸기는 한국 원산으로, 산딸기 중에서도 짙은 포도색을 띤다.

국내에서 생산된 산딸기들은 개량된 품종이 아니라 자연에서 자란 야생종이라 대체로 씨앗이 억센 종류가 많다. 라즈베리의 열매는 딸기처럼 붉은색을 띠고 알갱이들이 다수 박혀 있는 구조로 되어 있으며, 이것을 식용한다.

산딸기는 옛날부터 시큼한 단맛을 가지고 있기 때문에 산딸기를 모아 술을 담가 먹거나 잼을 만들어 먹었다. 그리고 보릿고개 시절 때는 유용한 식사 대용으로 자주 먹기도 했었던 식물이다.

3) 라즈베리의 재배

라즈베리는 관목으로 키가 50~150cm에 이른다. 줄기는 2년생으로 가시가 있고, 직립으로 성장하며 활모양을 하고 있다. 라즈베리를 심으면 첫해 여름에는 가지가 없으나 이듬해 여름에는 줄기가 나무와 비슷하게 생긴다. 가지에서 때 꽃이 피고 베리가 익게 된다.

꽃 가지에는 3쌍의 잎이 달려 있으며, 잎의 상단 표면은 녹색이고 뒷면은 잔털이 많이 붙어있는 흰색이나 회색을 띤다. 겨울철에는 관목에서 잎이 떨어진다. 라즈베리 수확기는 8월 초부터 9월 초까지다.

4) 라즈베리의 성분

라즈베리에는 다양한 영양 성분이 들어 있는데 그중에서 비타민 C와 엽산을 많이 함유하고 있다. 라즈베리 100g에 들어있는 비타민 C의 양은 보통 크기의 감귤에 들어있는 양과 같다.

라즈베리는 망간과 비타민 K를 포함하고 있어 뼈를 건강하게 하는 역할을 한다. 그리고 비타민 E, 비타민 B, 마그네슘, 구리, 철 그리고 칼륨이 들어 있다.

〈표-3-6〉 라즈베리의 성분

영양분	함량	영양분	함량
단백질(g)	1.4	인	39.8
지질(g)	0.2	철	0.07
당질	5.5	비타민 A(IU)	33
섬유	6.5	비타민 B_1(mg)	0.05
회분	0.6	비타민 B_2(mg)	0.038
칼륨	151	나이아신(mg)	0.2
칼슘	25	비타민 C(mg)	26.2
나트륨	6.3	베타카로틴	0.1

5) 라즈베리의 효능

라즈베리 한 컵은 면역력과 피부 건강을 지원하고 콜라겐 생성을 돕는 비타민 C의 최소 일일 목표치의 50% 이상을 제공한다. 라즈베리의 효능 중에서 대표적인 효능은 혈당의 수치를 낮춰주어 당뇨를 개선하는 역할을 한다. 그리고 다양한 심혈관 질환을 예방하는 데에 효과적이며, 혈관을 확장시키고 혈압을 떨어뜨리는 기능을 한다.

라즈베리는 항산화 물질이 풍부하여, 심장병, 암, 당뇨병, 그리고 비만을 낮추는 데 효과가 있다. 라즈베리 항산화제는 노화를 유발하는 것으로 알려진 염증을 줄이는 데 도움을 준다. 라즈베리의 베타카로틴은 자연 방호물질로 관절염 통증을 유발하는 손상된 DNA를 치유하는 역할을 한다.

6) 라즈베리 먹는 방법

라즈베리는 주스, 잼, 베리 스프로 만들어 먹으며, 디저트로 사용된다. 국내에서 생산된 라즈베리는 생으로 판매되지만, 수입되는 라즈베리는 흔히 마트에서 냉동으로 판다. 라즈베리는 집에서 실온 보관 시 곰팡이가 잘 슨다. 적정 보관온도는 1~ 5℃ 사이라 냉장 보관하기가 좋다. 라즈베리 청, 잼, 퓨레로 만들어서 빵이나 과자 등과 함께 먹으면 좋다.

라즈베리는 수많은 요리를 할 때 넣어주면 아름답고 맛있는 음식으로 만들어 주며, 새콤달콤하면서도 기운을 돋아주는 식사가 된다. 라즈베리는 단독으로 먹으면 시기만 하지만, 단맛이 더 강한 블루베리나 블랙베리를 곁들여 우유, 요거트, 탄산음료와 함께 섞어서 갈아 먹으면 신맛이 어느 정도 중화되면서도 새콤한 풍미가 남아서 먹기가 좋아진다. 또한 설탕, 물엿, 올리고당과 같이 산딸기를 갈아주면 달콤새콤한 맛이 나면서 먹을 만하다.

7) 라즈베리 주스

① 재료
산딸기 1컵, 우유 ½컵, 올리고 당 1T

② 만드는 방법
- 산딸기 안쪽으로 벌레나 이물질이 들어 있어서 물로 헹구는 작업을 해준다.
- 물기를 제거하면서 변질된 산딸기를 골라낸다.
- 산딸기를 믹서로 갈면서 우유와 올리고당을 넣어서 잘 섞어준다.
- 완성된 산딸기 주스를 컵에 넣는다.

08. 심혈관에 좋은 크랜베리

크랜베리는 진달래과에 속한 사철 관목으로 상큼한 맛의 붉은 빛깔 과일을 말한다. 크랜베리는 북아메리카가 원산지로 열매가 마치 두루미의 머리와 부리 부분을 닮았다는 데서 나온 이름이다. 1600년대에 북아메리카에 정착하기 시작한 최초의 이주민들에 의해 소개되었으며, 유럽에서 온 이주민들이 이 열매를 섭취하기 시작하면서, 굶주림을 해결하는 데 도움이 되어 미국의 추수감사절에 꼭 등장하는 과일 중 하나다.

현재는 미국과 케나다에서 포도, 블루베리와 함께 인기 있는 3대 과일로 꼽힌다. 크랜베리는 최근 효능이 알려지면서 우리나라에도 들어오면서 케이크나 음료수, 아이스크림, 와인, 잼, 젤리 등에 첨가되고 있어 국내에서도 소비가 점차 늘고 있는 추세다.

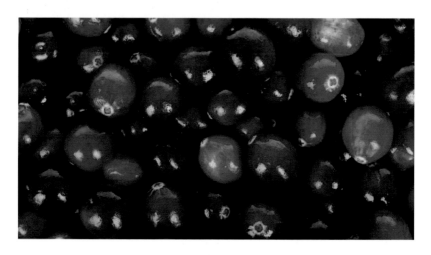

1) 크랜베리 재배

크랜베리는 길이가 10~80cm에 이르는 바닥에 낮게 자란다. 잎은 길이가 6~15mm 정도로, 타원형이며, 끝이 좁아지는 광택 있는 녹색의 앞면과 흰색에 가까운 뒷면을 가진다.

크랜베리는 분홍색 꽃이 피는 데 가지 끝에서 쌍으로 또는 그룹으로 성장하면서 6월~7월에 꽃이 핀다. 열매는 원형으로, 직경은 10~15mm이며, 꼭대기 정점에 눈물방울 모양으로 열린다.

크랜베리는 호수 및 연못의 가장자리 습지나 공터 습지에서 잘 자라 대량으로 수확하고 있다. 크랜베리는 9월 말부터 첫눈이 올 때까지 채집할 수 있고 눈이 있는 봄철에도 다시 채집할 수 있다. 크랜베리의 당분 함량이 높아지고 신맛이 줄어드는 시기인 가을에 첫 영하로 내려가는 기온 이후는 물론 봄철에도 크랜베리 채집은 그 가치가 있다. 현재는 수경 재배를 통해서 대량 수확하고 있다.

2) 크랜베리 성분

다른 대부분의 베리류와 같이, 크랜베리는 비타민 C의 훌륭한 공급원이다. 크랜베리는 섬유질의 공급원이 되기도 하며, 쓴맛은 여러 가지 천연산인, 사과산, 구연산 및 벤조산으로 기인한다. 크랜베리에 폴리페놀 화합물과 베타카로틴 같은 파이토케미컬이 풍부하다.

〈표-3-7〉 크랜베리의 성분

영양분	함량	영양분	함량
단백질(g)	0.4	인	27
지질(g)	0.7	철	0.5
당질	4.9	비타민 A(IU)	33
섬유	6.5	비타민 B_1(mg)	0.03
회분	0.6	비타민 B_2(mg)	0.02
칼륨	82	나이아신(mg)	0.1
칼슘	14	비타민 C(mg)	0.2
나트륨	2	베타카로틴	28

3) 크랜베리의 효능

크랜베리에는 박테리아가 체내에 부착하는 것을 막아주는 면역력을 강화하는 효과가 있으며, 치주병, 위궤양 등에서 효과를 발휘한다. 안토시아닌 색소는 심혈관계에 도움을 주며, 야맹증, 시력 개선 등의 효과가 있으며, 간 기능의 개선에 효과가 있다.

크랜베리는 혈중 콜레스테롤 수치를 저하시켜 주며, 베타카로틴은 강력한 항산화제로서 작용해 면역을 높이며, 심장 건강을 증진시키는 효과가 있다.

4) 크랜베리 먹는 방법

크랜베리는 붉은색이거나 깊은 푸른빛이 도는 붉은색으로 신맛을 낸다. 크랜베리는 말려서 베리 스프나, 구이 요리에 넣어서 사용하기도 하며, 그것들을 살짝 으깨서 바나나 달걀 팬케이크에서 구운 생선이나 오븐에 구운 채소에 넣어 먹기도 한다. 크랜베리에는 벤조산이 함유되어 있어, 자연적으로 크랜베리를 보존하게 해준다.

가을 크랜베리는 펙틴이 풍부하여, 이는 천연 응고제로서 마멀레이드 및 잼을 위한 우수한 성분이 되기 때문에 잼을 만들어 먹는다. 봄철에 집하된 크랜베리는 당분이 많아 주스나 발효 음료를 만드는 데 사용한다.

5) 크랜베리잼

① 재료

크랜베리 500g, 설탕 500g, 레몬즙 ½T

② 만드는 방법

- 크랜베리는 흐르는 차가운 물에 서너 차례 헹구어 준다.
- 잘 씻은 크랜베리는 채반에 바쳐 물기를 제거한다.
- 전체 크랜베리 양의 절반을 믹서에 간다.
- 과육 전체만 사용할 경우 냄비에 넣고 가열 시 아래에 있는 크랜 베리가
- 믹서에 간 크랜베리를 냄비 가장 아래 넣어준다.

- 설탕 절반을 넣고, 나머지 크랜베리 생 과육을 모두 넣은 다음 나머지 설탕을 넣는다.
- 냄비를 불에 올리고, 불은 중불로 가열한다.
- 끓으면 저어준다.
- 완전히 끓어오른 다음 레몬즙을 넣어준다.
- 완성되면 용기에 담는다.

09. 수분이 많은 수박

수박은 남아프리카의 열대와 아열대의 건조한 초원지대가 원산지로 가장 자주 접하는 과일이기도 하다. 이 지역에서는 다양한 야생종의 수박이 현재도 발견된다. 4,000년 전 이집트에서는 수박을 재배하였고, 시나이반도를 통하여 9세기에 인도로, 12세기에 중국으로, 15세기에 동남아시아로, 16세기에 한국 및 일본으로 전파된 것으로 보인다. 17세기에 수박은 유럽 전역에 퍼졌고, 신대륙에서도 재배가 확산되었다.

1) 수박의 특징

수박의 원산지인 아프리카에서는 수박 열매가 건기에 물을 공급해주는 주요 수단이며 씨는 영양분을 공급한다. 줄기는 가축의 먹이로 이용된다.

수박은 병 저항성 및 열매의 모양, 열매 표면의 무늬, 과육의 색깔(주로 적색, 오렌지색, 노란색 등) 등이 다양한 품종이 있다. 현재 중국이 세계 생산량의 70%를 생산하고 있으며, 뒤를 이어 터키, 미국, 이란, 이집트 등의 생산량이 뒤를 따른다.

2) 수박의 품종

수박은 열매의 모양, 표면 무늬의 색깔, 과육의 색깔 등으로 구별한다. 수박의 모양은 원형, 아원형에서 길쭉한 원통형에 이르기까지 품종이 다양하다. 수박의 끝에서 꼭지로 줄무늬가 발달하는데 이 줄무늬의 색과 모양에 따라서 품종을 구분한다. 즉 줄무늬가 회색에서 진초록색, 가는 것에서 굵은 것, 1자형에서 가늘게 나뉘는 것 등 다양하다.

우리나라에서는 주로 원형에서 아원형 품종을 재배한다. 원형과 아원형이라도 표면의 색깔이 초록 및 검초록빛이 나는 품종이 있다. 태국 시장에서는 검초록빛 수박이 많이 재배 및 유통된다.

익은 수박을 잘랐을 때 과육의 색깔이 적색, 오렌지색, 주황색, 노란색 등 다양한 품종이 있는데 우리나라를 비롯하여 세계적으로 주로 적색 품종이 많이 재배되며 오렌지색, 노란색 등의 품종도 가끔 볼 수 있다. 적색 수박이 리코펜의 함량이 높아 영양학적으로 우수하다.

열매는 원형에서 장타원형으로 무게가 2~14kg이고, 표면은 미끈하며, 색은 회색, 녹색, 암녹색으로, 다양한 줄무늬가 길게 발달한다. 중과피는 녹색에서 흰색이며, 내과피의 붉은색과 경계가 없다. 내과피는 적색, 오렌지색, 노란색 등으로 다양하다.

수박이 자랄 때 일정한 틀을 만들어 사각형 수박이나 피라미드형을 만들기도 하지만 이는 품종이 아니다.

3) 수박 재배

수박은 열대와 아열대성 반건조 지역에서 잘 자라는 작물로, 온도가 높아야 하고 생장기가 90일 정도 되어야 한다. 우리나라서는 늦은 봄에서 초가을까지 재배가 가능하며 주로 여름철에 생산된다. 남쪽 지방에서는 온실에서 묘를 생산하여 여름에 밖에 이식하거나 비닐하우스에서 주로 생산한다.

수박은 종자로 번식하는데 우리나라와 일본에서는 대목으로 호박, 박, 호박의 잡종, 동과, 뿔참외, 가시박 등을 키워 이용하고 수박의 어린순을 접목하여 수박을 재배한다.

수박은 호박과 같이 암꽃과 수꽃이 한 그루에 피는데 그 비는 7:1 정도로 수꽃이 많다. 아침에 해가 뜨면서 꽃이 피고 오후 이전에 수분이 일어난다. 수분은 야외에서는 주로 벌류에 의하여 이루어지지만, 온실에서는 인공수분 또는 인공으로 양육한 벌통을 사서 이용한다.

수분 후 30~35일 정도에 수확한다. 수박이 익어가면 땅에 닿은 부분이 흰색에서 노란색으로 변하고 꼬투리 주위의 덩굴손이 시드는 것을 보고 수박의 수확시기를 결정한다.

4) 수박 성분

수박의 과육은 수분 함량이 92% 정도로 매우 높고 영양소는 풍부하지 않으나 과육에는 리코펜이 많이 함유되어 있으나 직접적인 비타민의 역할은 하지 못한다. 일반적인 수박의 리코펜 함량이 6,300~6,800ug/100g, 노란색 과육 품종의 경우 리코펜의 함량이 370~420ug/10g으로 매우 높다.

〈표-3-8〉 수박의 성분

영양분	함량	영양분	함량
단백질(g)	0.4	인	9
지질(g)	0.43	철	0.17
당질	4.9	비타민 A(IU)	366
섬유	6.5	비타민 B$_1$(mg)	0.05
회분	0.6	비타민 B$_2$(mg)	0.0
칼륨	116	비타민 E	0.15
탄수화물	7.18	비타민 C(mg)	9.60
나트륨	2	수분	91.51

5) 수박의 효능

수박은 여름 우리 몸이 제대로 그 기능을 하기 위해서는 적당한 수분이 지속적으로 유지되어야 할 때 수분 함량이 가장 높은 수박이 가장 좋다. 그리고 다른 과일에 비해 풍부한 식이섬유와 수분 덕분에 포만감을 주어 다이어트에 도움이 된다. 그리고 변비를 예방하고 개선하는 데도 큰 도움을 준다. 그리고 수박은 92% 이상이 수분으로 이루어져 있기 때문에 숙취 해소 과정에서 필요한 수분을 체내 빠르게 공급해 숙취 해소에 도움을 준다.

수박에 들어 있는 칼륨과 시트룰린 성분은 근육과 혈관을 이완시키는 데 도움을 주는 성분으로 운동 후 먹게 되면 근육통 완화에 도움을 받을 수 있다. 또한 수박에 들어 있는 리코펜과 쿠커비타신 E와 같은 항암에 효과가 있는 성분이 함유되어 있으며, 특히 리코펜은 전립선암을 예방하는 데 효과가 있다.

6) 수박 먹는 방법

수박은 여름철 수분 보충과 에너지 공급에 좋은 수박은 생과나 화채로 먹는다.

7) 수박 화채

① 재료

수박 200g, 망고 1개, 딸기 5개, 블루배리 20개, 우유 100㎖ 황설탕 1.5~2T

② 만드는 방법

- 수박을 반으로 자른다.
- 수박 한쪽은 파내어 먹기 좋게 자른다.
- 망고는 껍질을 벗기고 수박과 같은 크기로 자른다.

- 딸기는 꼭지를 따서 물에 헹구어 수분을 제거한다.
- 블루베리 청포도를 물에 헹구어 물기를 제거한다.
- 비어 있는 수박에 각종 재료를 넣고 우유와 황설탕을 넣는다.

10. 노화를 늦추어주는 체리

　과일 중의 다이아몬드로 불리는 체리는 일반적으로는 벗나무속에 포함된 열매를 말한다. 체리는 순우리말로는 버찌라고 한다. 다만 보통 우리가 접하는 사진의 서양버찌는 체리라 부르고 동양버찌는 버찌라고 별개로 부르는 편이 많다. 벗나무의 열매로 종류는 수백 종이 있는데, 크게 단맛의 버찌와 신맛의 버찌로 분류된다. 일반적으로 벗나무 열매와 닮으면 체리라고 부르며 크게 구분 짓지 않는다.

1) 체리의 종류

　식용 체리는 크게 미국산 체리와 일본산 체리로 구분된다. 미국산 체리는 검붉은 빛깔의 크고 단단한 과실을 가지고 있고 일본산 체리는 앵두빛깔의 상대적으로 작고 무른 식감을 가진 과실을 가지고 있어 확연하게 구별이 된다. 일반적으로 수입되어 판매되는 것은 미국산이나 칠레산의 검붉은 색의 체리로 유통과 보관이 편리해 대형 마트 등에서 쉽게 볼 수 있으나, 일본산 체리의 경우 일본에서 직수입되는 경우는 극히 드물다.

한국에서 벚나무는 매우 흔하지만, 벚꽃 관상용으로 길에 심은 대부분의 벚나무의 열매들은 크기도 작고 맛도 없다.

2) 체리 성분

체리에는 당분은 13~18% 정도, 수분이 82%, 칼륨이나 엽산, 카로틴이 들어있다. 또한 탄수화물과 단백질, 지방, 망간, 칼륨 및 구리가 풍부하게 함유되어 있을 뿐만 아니라 비타민이나 페놀화합물 및 강력한 항산화제인 안토시아닌이 포함되어 있다.

〈표-3-9〉 체리의 성분

영양분	함량	영양분	함량
단백질(g)	1.2	인	28
지질(g)	0.3	철	0.6
당질	4.9	비타민 A(IU)	4
섬유	1.2	비타민 B_1(mg)	0.02
칼슘	18	비타민 B_2(mg)	0.02
칼륨	244	비타민 E	0.80
탄수화물	7.18	비타민 C(mg)	2.3
나트륨	2	베타카로틴	26

3) 체리의 효능

체리는 혈당지수는 22인데 포도와 비교하였을 때 절반 정도 되는 수준이라고 당뇨에 효과 있다. 그리고 칼로리가 낮기 때문에 다이어트를 하는 사람들에 좋다. 또한 지방과 나트륨은 적고 식이섬유와 비타민이 다량 들어 있어 긍정적인 작용을 한다.

항염증 효과가 뛰어나 관절염에 도움을 줄 수 있으며, 뇌세포가 노화되는 것을 늦춰주는 기능을 한다. 그리고 수면 호르몬 역할을 하는 천연 멜라토닌이 풍부하여 불면증을 개선해 줄 수 있다. 또한 혈관 내에 있는 나쁜 콜레스테롤을 줄여주므로 심혈관 질병을 예방해 줄 수 있다. 식이섬유도 많아 심혈관 건강에 좋다.

체리에는 안토시아닌과 폴리페놀, 케르세틴 등의 항산화 물질이 많아 피부의 노화를 늦추는 데 긍정적인 영향을 준다.

4) 체리 먹는 방법

체리는 가공하지 않은 천연 그대로 판매되거나 또는 통조림, 냉동품으로 시판되고 있다. 체리는 씻어서 생과로 먹으며 다양한 요리의 재료로 응용이 가능하다. 셰이크, 머핀, 빙수 등에 이용된다. 체리는 생식하는 것 외에 제과 재료나 칵테일용, 프루트펀치용으로 사용된다.

생체리는 상온에서 보관하면 금방 무르기 때문에 냉장고에 넣어 1~5℃ 상태로 7일 정도 보관할 수 있다.

통조림은 시럽 절임 통조림(빨갛게 염색한 후 시럽에 절인 것), 드레인 체리, 크리스탈 체리 등이 있다. 드레인 체리는(drained cherry) 체리를 표백 후 씨를 제거하여 70% 이상의 설탕액에 절인 것을 말한다. 크리스탈 체리는 드레인 체리를 건조하여 설탕 결정을 석출한 것이다.

제4장
암을 예방하는
옐로우 푸드

01. 옐로우 푸드란 무엇인가?

노란색을 띠는 옐로우 푸드 속에는 카로티노이드라 불리는 파이토케미컬이 들어있어 항암 효능뿐만 아니라 항산화 작용, 면역력 강화 효과가 있다. 특히 노란색은 대장과 소화 기능에 연관되어 있어 대사 작용에 유효하게 기여한다.

특히 카로티노이드는 체내에서 비타민 A로 전환되어 시각과 면역 기능과 피부, 뼈 건강에도 도움이 된다. 또한 카로티노이드는 체내에서 비타민 A로 전환되는데, 이때 비타민 A는 시각과 면역 기능 뿐만 아니라 피부와 뼈 건강에도 중요하다. 카로티노이드는 항암 효과와 항산화 작용, 노화 예방 효과가 있어 특히, 심장질환과 암의 위험을 감소시키고, 면역 기능을 향상시킨다.

옐로우 푸드의 대표적인 식품에는 호박, 고구마, 살구, 밤, 오렌지, 귤, 파인애플, 당근, 감, 옥수수 등이 있다.

01. 활성산소를 억제하는 오렌지와 귤

오렌지는 미국타임지가 선정한 세계 10대 슈퍼 푸드에 들 만큼 영양소가 풍부하다. 오렌지는 인도가 원산지로 히말라야를 거쳐 중국으로 전해져 중국 품종이 되었고, 15세기에 포르투갈로 들어가 발렌시아 오렌지로 퍼져나갔다. 브라질에 전해진 것은 아메리카 대륙으로 퍼져나가 네이블오렌지가 되었다. 감귤류에 속하는 열매의 하나로 모양이 둥글고 주황빛이며 껍질이 두껍고 즙이 많다.

1) 오렌지의 종류

종류는 발렌시아 오렌지·네이블 오렌지·블러드 오렌지로 나뉜다.

발렌시아 오렌지는 세계에서 가장 많이 재배하는 품종으로 즙이 풍부하여 주스로 가공한다.

네이블 오렌지는 캘리포니아에서 재배하는데, 껍질이 얇고 씨가 없으며 밑부분에 배꼽처럼 생긴 꼭지가 있다.

블러드 오렌지는 주로 이탈리아와 에스파냐에서 재배하며 과육이 붉고 독특한 맛과 향이 난다.

감귤류 생산량의 약 70%를 차지하며 세계 최대 생산국은 브라질이다. 그 밖에 미국·중국·에스파냐·멕시코 등지에서도 많이 생산한다.

2) 오렌지 성분

오렌지 성분에는 당분이 7~11%, 산이 0.7~1.2% 들어 있어 상쾌한 단맛이 난다. 과육 100g 중 비타민 C가 40~60㎎이 들어 있어 다른 채소나 과일에 비해서 많은 양이 함유되어 있다. 뿐만 아니라 식이섬유, 비타민 A, 리모넨, 유기산, 베타카로틴, 엽산, 칼륨, 칼슘 등이 풍부하다.

〈표-4-1〉 오렌지의 성분

영양분	함량	영양분	함량
단백질(g)	0	인	20
지질(g)	2	철	0.1
당질	10	비타민 A(IU)	13
섬유	1.2	비타민 B_1(mg)	0.09
칼슘	126	비타민 B_2(mg)	0.02
칼륨	39	비타민 E	0.24
탄수화물	7.18	비타민 C(mg)	46
나트륨	5	나이아신	0.4

4) 오렌지 효능

노란색 과일의 대표적인 과일인 오렌지와 귤에는 항산화제인 헤스페리딘 이란 성분이 함유되어 있는데 이 성분은 혈관 기능을 향상시키고 심장질환의 위험을 낮춰주는 데 도움을 준다. 또한 플라보노이드도 유해산소의 활동을 차단하는 뛰어난 항산화 물질이 있어 항산화 작용이 뛰어나다.

비타민 C는 괴혈병을 예방해 주며 면역 기능을 강화시켜 주고 전반적인 자연치유 과정을 도와준다. 또한 오렌지와 귤에는 카로티노이드 성분 외에 도 비타민 C, 오메가 3 지방산, 엽산이 풍부하게 함유되어 있다.

섬유질과 비타민 A도 풍부해서 감기 예방과 피로 회복, 피부미용 등에 좋 다. 엽산도 풍부하여 빈혈을 막아주며, 지방과 콜레스테롤이 전혀 없어서 성 인병 예방에도 도움이 된다.

5) 오렌지 먹는 방법

오렌지는 디저트용 과일로 먹거나 주스·마멀레이드를 만들어 먹는다. 각종 요리와 과자 재료로 쓰며 고기 요리에 상큼한 맛과 향을 내는 오렌지 소스로도 쓴다. 껍질에서 짜낸 정유는 요리와 술의 향료나 방향제로 쓴다.

오렌지를 활용한 음료도 주스, 오렌지에이드, 과일 리큐어와 와인, 펀치, 시럽, 소다 등 그 종류가 다양하다.

오리, 송아지의 간과 정강이, 양의 혀, 오믈렛, 자고새 새끼, 샐러드, 서대, 송어 요리 등에 오렌지를 넣어 조리한다.

6) 오렌지 젤리

① 재료

오렌지 주스 1컵, 오렌지 간 것 1컵, 설탕 ¼컵, 레몬즙 1T, 가루젤라틴 2T

② 만드는 방법

- 오렌지는 2등분하여 속은 파내고 껍질은 젤리 그릇으로 이용한다.
- 오렌지 속은 하얀 속껍질을 벗기고 오렌지 살만 발라내어 믹서에 간다.
- 오렌지 주스와 오렌지 간 것, 설탕, 레몬즙을 넣어 살짝 끓인다.
- 가루 젤라틴은 2배의 미지근한 물을 붓고 부드러워지면 중탕해서 녹인다.
- 끓인 재료에 젤라틴을 섞고 오렌지 껍질에 부어 냉장고에 넣어 굳힌다.

02. 다이어트에 좋은 감자

감자는 쌀, 밀, 옥수수와 함께 4대 식량 작물 중 하나로 칠레, 페루 등 남아 메리카가 원산지다. 감자는 예로부터 든든한 한 끼로도 손색이 없는 구황작물 이면서 부식의 재료로 다양하게 이용되어온 친숙한 식품이다.

우리나라에 도입된 감자는 순조 24년(1824년)에 산삼을 캐러 함경도에 들 어온 청나라 사람이 가져왔다는 기록이 있다. 주로 봄과 여름, 가을에 재배하 였으나 1980년대 중반 이후 시설을 활용한 내륙의 겨울 시설재배와 제주도 의 가을 재배 수확기가 연장되면서 연중 신선한 감자를 쉽게 접할 수 있게 되었다.

우리나라에서 주로 재배되는 품종은 가장 많이 보급되어있는 '수미', 일본 에서 들어온 '남작', 주로 칩 가공용으로 이용되는 '대서' 등이 있다.

1) 감자의 품종

감자의 품종은 전분의 함량에 따라 점질 감자와 분질 감자로 구분할 수 있다. 전분의 함량이 높은 것이 분질 감자로 삶아서 먹기가 좋다. 대표 품종으로 남작과 하령이 있다. 점질 감자는 주로 요리에 활용하거나 칩과 같은 가공용으로 적당하고, 대표적으로 수미나 고운이 있다.

국내 감자 생산량의 80%를 차지하는 수미는 찐득한 느낌이 드는 점질 감자로 단맛이 나는 것이 특징이며, 남작은 삶았을 때 분이 많이 나는 분질 감자이다. 감자는 삶거나 굽고, 기름에 튀기는 등 다양한 조리법을 활용하여 요리하고 알코올의 원료와 당면, 공업용 원료로도 이용된다.

감자 구매 시 수입산과 국내산을 구별하는 방법은 흙이 묻어 있는 것을 국내산으로 보면 된다. 원칙적으로 흙이 묻어있는 감자는 수입을 할 수 없기 때문에 수입산 감자는 세척 과정을 거쳐 흙이 깨끗하게 제거되어 있고, 크기가 크면서 긴 타원형의 모양이 많다.

2) 감자 재배

경기지방 및 중부지방에서의 감자 심는 시기는, 3월 중순~4월 초에 감자를 심는다. 씨감자는 심는 깊이는 15cm, 25~30cm 간격으로 띄어 심는다. 씨감자를 심은 후 약 20~ 30일 후면 감자 싹이 흙을 뚫고 올라온다.

감자 줄기 길이가 약 10~20cm 정도 자랄 때 감자 줄기가 2~4개 정도가 나온다. 감자 줄기 중에서 실한 감자 줄기를 1~2개 남기고 나머지는 가위로 밑둥을 잘라준다. 감자 줄기를 많이 키우면 자잘한 감자들이 나온다.

씨감자를 심은 후 약 50일 전후에 감자꽃이 피어나기 시작한다. 감자꽃 피고 30일 지나면 감자를 캔다. 감자는 품종에 따라 흰색 또는 자색의 꽃이 피며, 꽃받침은 5개로 얕게 갈라지며, 5개의 수술과 1개의 암술이 있다.

3) 감자의 성분

감자 영양 성분은 풍부하고 비타민 및 미네랄의 좋은 공급원이다. 감자는 수분(약 82%)과 탄수화물(약 14%)로 구성되어 있고, 인, 칼륨, 철 등이 다량 함유되어 있다.

〈표-4-2〉 감자의 성분

영양분	함량	영양분	함량
단백질(g)	2.11	인	36
지질(g)	0.9	철	0.17
당질	4.9	비타민 A(IU)	366
섬유	6.5	비타민 B_1(mg)	0.05
회분	1.03	비타민 B_2(mg)	0.016
칼륨	402	비타민 E	0.04
탄수화물	18.17	비타민 C(mg)	11.96
나트륨	2	수분	78.6

또한 감자는 비타민 C가 여느 과일·채소 못지않게 풍부하고, 전분에 의해 보호되므로 가열해도 손실이 적다. 감자에는 또 비타민 B 복합체의 일종인 판토텐산도 풍부하며, 비타민 E, 철분이 풍부하며 기억력과 사고력을 향상시킨다.

4) 감자의 효능

비타민과 섬유소가 풍부한 감자즙을 피부에 발라 팩으로 이용하면 피부 미백과 진정 효과에 탁월하다. 또한 감자의 전분은 위산과다로 생긴 질병을 개선하는 효과가 있고 손상된 위를 회복하는 데 효과적이다.

감자의 불소화물은 대장의 유익한 미생물 발육에 좋은 영양원이 되는데, 이렇게 증식한 미생물은 장벽을 자극함으로써 변비를 치료하고 예방하는 데 효과적이다. 감자는 소화가 잘되고 열량이 낮은 편이며, 조금만 먹어도 포만감을 느낄 수 있어 식사 대용으로 적격이다. 또한 사과보다 3배 많은 비타민 C를 함유하고 있어 철분이 잘 흡수될 수 있도록 하여 빈혈 예방에 효과적이다. 그 밖에도 나트륨 등 유해 물질을 몸 밖으로 배출하는 역할을 해 혈압을 낮추는 효과도 있다.

감자의 칼륨은 체내에 수분을 쌓아두는 나트륨을 몸 밖으로 배출하는 작용을 한다. 그래서 과식하거나 짜게 먹은 다음 날 아침에 감잣국이나 감자수프를 먹으면 부기가 쉬 빠진다. 칼륨은 또 혈액 순환을 도와 혈압을 낮춘다.

5) 감자 고르는 방법

감자를 손으로 들었을 때 잘 여물어서 묵직하면서 단단한 것을 고른다. 감자의 표면에 흠집이 적으면서 부드럽고 씨눈이 얇고 적게 분포되어 있으며, 껍질에 주름이 없는 것이 좋은 감자이다. 표면에 흠집이 나거나 물기가 묻어 있는 감자는 오래 보관하기 어렵고 쉽게 썩기 때문에 잘 건조되었는지 확인하여야 한다.

껍질이 일어나 있는 경우는 감자를 너무 일찍 수확한 것이므로 무르고 싱겁다. 또한 저장 기간이 오래될수록 수분이 감소하여 표피가 쭈글쭈글해지고 색이 검어지며, 무게가 가벼워지므로 이러한 것은 피하여 구매한다.

감자 표면이 녹색으로 변한 부분이 있거나 싹이 난 것은 독성 물질이 있기 때문에 잘 보고 구매해야 한다. 감자는 8℃ 이상에서는 싹이 나고, −1℃ 이하가 되면 얼게 되기 때문에 온도를 1~4℃ 사이로 적정히 유지해 주는 것이 중요하다. 감자를 대량으로 보관할 때는 일정한 규격으로 통풍이 잘되게 적재해야 한다.

6) 감자 먹는 방법

껍질을 벗긴 감자는 공기 중에 노출되면 갈색으로 변하는 갈변현상이 발생하는데, 이는 감자에 함유된 페놀성 화합물이 공기와 접촉해 산화하면서 발생하는 현상으로 갈변되는 것은 부패가 아니라 항산화 물질을 형성하는 것이므로 몸에 해롭지는 않다.

감자의 비타민 C는 전분에 의해 보호되어 가열에 의한 손실이 적으므로 다양하게 조리하여 먹어도 충분한 영양 섭취가 가능하다.

7) 치즈 감자그라탕

① 재료

감자 2개, 베이컨 3장, 양파 ½개(작은 크기), 버터 1T, 모짜렐라 치즈 100g. 빵가루 1½T, 파슬리 가루 약간

[양념]

밀가루 2T, 버터 2T, 우유 1¼컵(250㎖), 소금, 후춧가루

② 만드는 방법

- 감자만 깨끗이 씻어 껍질을 제거하고 듬성듬성 잘라 준다.
- 전자레인지 사용 가능한 그릇에 담고 비닐 랩을 씌워 전자레인지에 6분간 돌려준다.
- 베이컨과 양파는 채 썰어 둔다.
- 프라이팬에 버터를 넣 녹이고 중불에서 양파가 투명해질 때까지 2~3분 볶아준다.
- 팬에 버터를 약불에서 녹이고 밀가루를 넣어 밀가루가 타지 않게 볶아준다.
- 우유 250㎖를 조금씩 나누어 가며 넣어준다.
- 마지막으로 소금, 후추로 간한다.
- 삶은 감자를 으깨고 소스 ⅔을 부어 골고루 섞는다.
- 접시에 소스 섞은 으깬 감자와 볶은 양파, 베이컨을 올린다.
- 남은 소스 ⅓을 모두 붓고 빵가루(1.5), 모짜렐라치즈 100g을 골고루 뿌려 준다.

04. 비타민이 풍부한 단호박

호박은 박과의 덩굴성 한해살이풀로 남아메리카가 원산지이며 세계적으로 널리 재배하고 있다. 호박은 오랫동안 세계적으로 전파되면서 재배환경에 적응하면서 다양하게 개량되어 종류가 매우 많으며, 종류에 따라 맛과 특징, 쓰임새도 크게 다르다. 우리나라에 호박이 들어 온 것은 임진왜란 이후이며 1980년대 남부지방을 중심으로 일본에 수출목적의 계약재배를 시작하면서 전국적 규모로 확대되었다.

호박은 세계에서 가장 큰 열매를 맺는 식물로 수천 년을 이어오면서 오랫동안 품종 개량을 통해 수없이 많은 품종이 있다. 청나라에서 넘어온 박이란 의미로 오랑캐 '胡' 자를 써서 호박이란 이름이 붙었다고 한다. 실제로 호박은 중국 만주 지역에서 처음 전래되어 한반도 북부에서부터 남하한 것으로 추정된다.

1) 단호박의 특징

호박은 덩굴의 단면이 오각형이고 털이 있으며 덩굴손으로 감으면서 다른 물체에 붙어 올라가지만, 개량종은 덩굴성이 아닌 나무 형태의 것도 있다. 국내에서는 과실뿐만 아니라 잎, 순, 꽃, 씨도 식용 및 약용으로 모두 이용한다. 그중에서 단호박은 일반 호박보다 단맛이 나는 호박으로 쪄먹는 호박 또는 밤호박으로 불리며 주로 쪄서 먹는다.

겉은 짙은 녹색, 속은 노란색으로 당질이 15~20%를 차지해 당도가 매우 높은 식품이며, 수확 후 후숙 기간을 2주 정도 거쳐야 당도가 올라가기 때문에 바로 사용하지 않고 후숙을 거친다.

2) 호박의 종류

대표적인 덩굴식물이며 호박이 넝쿨째 굴러온다는 등의 표현이 있다. 수확시 성장 정도에 따라 애호박과 늙은 호박으로 분류된다. 품종에 따라 애호박을 이용하는 품종이 있고 늙은 호박을 이용하는 품종이 있다. 호박의 일종으로 호박 중에서도 성장상 덜 자라서 푸른빛을 띠고 있는 풋호박을 말하며, 늙은 호박은 말 그대로 늙어서 겉이 단단하고 속의 씨가 잘 여문 호박을 말한다.

호박은 대표적인 녹황색 채소로 크게 동양계 호박, 서양계 호박, 페포계 호박 등의 3종류가 있다. 동양계 호박의 대표 품종으로는 애호박과 풋호박이 있고 청과와 숙과를 모두 식용으로 소비하는 호박이다. 서양계 호박의 대표 품종은 단호박, 약호박, 대형호박으로, 소화 흡수가 잘되는 당질과 비타민 A의 함량이 높다. 페포계 호박은 주키니와 국수호박, 무종피 호박 등이 있으며 주키니 계통을 많이 사용한다. 이 외에 오이나 참외 등 다른 박과 채소의 대목으로 쓰기 위해 흑종 호박이 재배되고 있다.

3) 호박 재배

호박 덩굴은 아무 데서나 잘 자라며 일단 심어 놓기만 하면 딱히 큰 관심을 주지 않아도 알아서 잘 큰다. 잡초 사이에서도 잘 자라는 비범한 식물이다. 이렇게 사람이 관심을 주지 않은 야생호박은 식용 자체는 가능하나 맛도 떨어지고, 껍질이 두껍고 질겨서 상품성이 떨어진다.

잎은 어긋나고 잎자루가 길며 심장형 또는 신장형이고 가장자리가 얕게 5개로 갈라진다. 꽃은 1가화이며 6월부터 서리가 내릴 때까지 계속 핀다. 수꽃은 대가 길고 암꽃은 대가 짧다. 화관은 끝이 5개로 갈라지고 황색이며 하위씨방이다. 열매는 매우 크고 품종에 따라 크기·형태·색깔이 다르다. 열매를 식용하고 어린 순도 먹는다.

4) 호박의 성분

단호박에는 각종 비타민과 무기질이 풍부하게 함유되어 있다. 특히 베타카로틴의 함량이 높은데, 단호박 100g으로 성인 일일권장량의 비타민 A를 섭취할 수 있다.

〈표-4-3〉 호박의 성분

영양분	함량	영양분	함량
단백질(g)	1.84	인	36
지질(g)	0.184	철	1.23
당질	4.04	비타민 A(IU)	1140
섬유	6.56	비타민 B_1(mg)	0.05
칼슘	84	비타민 B_2(mg)	0.14
칼륨	582	비타민 E	0.04
탄수화물	21.5	비타민 C(mg)	31
나트륨	2		

5) 호박의 효능

단호박은 풍부한 당질과 영양분에 비해 열량은 낮고, 식이섬유가 풍부하여 소화를 돕는다. 활성산소 제거와 항산화 작용하여 항암 효과와 면역 기능을 향상시킨다.

단호박에는 베타카로틴이 들어있다. 베타카로틴은 항산화 성분으로서 활성산소로부터 몸의 세포가 손상되는 것을 방지하고 보호해주는데 중요한 작용을 한다. 따라서 호박은 피로 회복, 면역력에도 도움이 된다. 또한 비타민 A가 많고 간의 독성을 해독해주는 역할도 있다.

단호박에 들어있는 펙틴 성분이 이뇨 작용을 도와 몸의 붓기를 가라앉히는 데 효과적이다. 그래서 임산부들이 출산 후 몸조리나 부종 제거에도 호박이 많이 애용된다. 또한 칼륨도 풍부해서 몸 밖으로 나트륨을 빼주고 혈압을 낮춰줘 고혈압과 혈액순환에도 도움이 된다. 특히 늙은 호박에 칼륨이 많이 함유되어 있다.

비타민 C, E 성분이 많아 피부 미용 및 피로 회복에 좋고 미네랄과 식이섬유도 풍부하여 소화 흡수에도 좋다.

5) 호박 먹는 방법

호박은 숙성기간이 길어질수록 영양소가 더 풍부해지니 가을철 수확한 호박을 겨울에 먹는 것이 더 좋다.

호박은 종류가 많은 만큼 특성에 따른 조리법도 다양하다. 동양계 호박은 수분이 많고 끈적거리는 성질이 있어 조림이나 볶음류의 요리에 적합하다. 서양계 호박은 육질이 단단하고 수분기가 적어서 튀김이나 과자, 수프 등을 요리할 때 좋다. 페포계 호박은 주키니 품종이 가장 널리 쓰이며 흔히 '돼지호박'이라고 부르기도 하며, 볶음이나 중국 음식에 많이 사용된다.

5) 단호박 스프

① 재료
밤호박 1개, 양파 120g, 무염버터 20g, 우유 250㎖, 생크림 250㎖, 소금 1T

② 만드는 방법
- 단호박은 전자레인지에 1~2분 돌려 약간만 익혀준다.
- 반으로 잘라준 뒤 씨를 긁어내고 꼭지를 잘라내고 4등분 한다.
- 그릇에 넣고 랩을 씌워 전자레인지에 넣고 3~4분 정도 익혀준다.
- 다 익으면 꺼내 고운 색감을 위해 껍질을 벗겨준다.
- 양파는 껍질을 벗겨 채 썰어준다.
- 냄비에 버터를 넣어 약불로 녹인다.
- 양파를 넣고 볶아준다.
- 버터는 타기 쉬우니 약불로 천천히 오래 볶아주어야 한다.

- 갈색이 되면 단호박을 넣고 살짝 볶아준 뒤 우유를 넣어준다.
- 핸드 블렌더로 곱게 갈아준다.
- 생크림을 넣어준다.
- 잘 저어주고 소금을 넣어 잘 섞어준다.
- 약불로 저어가며 끓여준다.
- 원하는 농도보다 묽을 때 불을 꺼준다.
- 그릇에 스프를 넣고 크림을 약간 넣어준다.

제5장
암을 예방하는
블랙 푸드

01. 블랙 푸드란 무엇인가?

블랙 푸드는 검은 색을 띠는 식품으로 대표적으로 검은콩, 검은깨, 검은쌀, 김, 미역 등이 있다. 블랙 푸드에는 항산화·항암·항궤양 효과가 있다고 알려진 안토시아닌이라는 수용성 색소가 있어 검은색을 띠게 된다.

블랙 푸드에는 검은색을 돌게 하는 수용성 색소인 안토시아닌이 많이 들어 있다. 수용성 색소인 안토시아닌은 질병과 노화의 원인으로 지목되고 있는 활성산소를 효과적으로 중화시키는 작용이 뛰어나다. 뿐만 아니라 안토시아닌은 심장질병, 뇌졸중, 성인병, 암 예방에도 좋은 성분으로 알려져 있다.

블랙 푸드에는 검은콩, 검은깨, 미역, 김, 다시마, 목이버섯, 수박씨, 오징어 먹물, 캐비어 등이 있다.

02. 최고의 식물성 단백질 검은콩

쌍떡잎식물 장미목 콩과의 한해살이풀로 대두(大豆)라고도 한다. 콩의 원산지는 두만강 유역에서 유래했다는 설과 고구려의 만주 지방에서 유래했다는 설이 있다. 결국 콩은 우리나라가 원산지로 세계 여러 나라에 전파되어 식용작물로서 널리 재배하고 있다. 대두는 전세계적으로 굉장히 중요한 작물인데 대부분이 콩기름과 사료로 쓰이며, 미국이 가장 많이 생산하고 있으며, 다음은 중국에서 생산하고 있다. 19세기 초 미국이 우리나라에서 수집해 간 종만 무려 5,496종이나 되었다고 한다.

검은콩의 껍질은 검은색이고 속은 파란색으로 10월경에 서리를 맞은 후에 수확한다. 껍질은 검은색이지만 속이 파랗다고 하여 서리태 또는 속청이라고도 부른다. 서리태는 콩이 서리를 맞으며 익어간다고 하여 붙여진 이름이다.

1) 콩의 특징

콩은 '밭에서 나는 고기'라 불릴 정도로 필수 아미노산이 풍부한 완전 단백질 식품이다. 콩은 KBS의 〈위대한 밥상〉에서 한국인이 꼭 먹어야 할 '비타민 10대 밥상'에서 당뇨 예방에 좋은 음식으로 뽑혔다. 우리나라에서 100세 이상 장수하는 비결로 손꼽은 식품 역시 바로 콩이다. 즉 콩은 우리의 대표적인 건강식품이면서도 장수식품인 것이다.

〈위대한 밥상〉에서는 당뇨병을 위해선 평소 혈당지수가 낮은 음식을 섭취하는 게 좋은데 바로 콩이 혈당지수를 낮출 수 있는 대표적인 음식이라고 하였다. 미국의 일리노이 대학 존 어드먼 박사의 연구보고서에 따르면 콩 식품이 당뇨병 환자의 뇨 단백을 감소시킴으로써 저하된 신장 기능을 호전시킨다는 결과도 있다.

2) 콩의 종류

콩은 수많은 종류가 있다. 쓰임새에 따라 메주콩, 밥밑콩, 나물콩, 약콩, 고물콩 등이 있으며, 색깔에 따라 흰콩, 누런콩, 검정콩, 파랑콩, 새라랑콩, 자주콩, 속푸른콩, 청태 등이 있다. 모양에 따라 호랑이콩, 제비주둥이콩, 자갈콩, 새알콩, 아주까리콩, 쥐눈이콩, 종달새알콩, 한아가리콩, 좀콩 납작콩, 수박태 등이 있다.

3) 검은콩의 재배

검은콩의 최적 파종 시기는 5월 하순~6월 중순으로 가능하며 6월 중순까지는 파종을 마쳐야 충분한 생육기간 확보로 고품질의 콩 수확이 가능하다.

서리태(검은콩)는 기온이 서늘하고 물 빠짐이 양호하며 보습력이 있는 토양에서 생육이 잘 된다. 서리태콩(검은콩) 종자의 발아 가능 온도는 4~42℃ 정도이고 발아 최적 기온은 25~35℃ 정도로 발아 최적 기온 상태에서 수분을 말린 종자 부피만큼 충분히 흡수하면 파종 후 3~4일 지나서 발아를 시작한다. 일조량에 따라 수확 시기가 다르다.

한 줄기에 잎이 클로버식 배치로 3개 난다. 잎은 막 났을 때는 털이 보슬보슬 하지만 시간이 지나면 털은 없어진다. 또한 심고 오래될수록 새로 나는 잎이 둥근 모양에서 길쭉한 일반적인 잎 모양으로 변해간다. 콩깍지는 계속 털이 난 채로 있다.

4) 검은콩의 성분

검은콩 100g에는 단백질 34.7g, 당질 20g, 식이섬유 5.4g 등 나트륨, 베타카로틴, 비타민 A, B$_1$, B$_2$, C, E와 철분과 칼륨, 칼슘 등이 들어 있다.

〈표-5-1〉 검은콩의 성분

영양분	함량	영양분	함량
단백질(g)	34.70	인	90
지질(g)	20	철	10
당질	4.04	비타민 A(IU)	6.80
섬유	5.40	비타민 B$_1$(mg)	1.40
칼슘	50	비타민 B$_2$(mg)	1.50
칼륨	40	비타민 E	8.27
탄수화물	21.5	비타민 C(mg)	10.2
나트륨	2		

4) 검은콩의 효능

검은콩은 여성호르몬인 에스트로겐과 유사한 역할을 하는 아이소플라본이 함유되어 있어 골다공증을 예방하고 갱년기장애를 완화시키는 효과가 있다. 해독작용도 뛰어나고 혈관을 튼튼하게 해 주어 고혈압·동맥경화증·뇌혈전증 등을 예방한다.

또한 콩 속에 풍부한 식이섬유는 위와 장에서 포도당의 흡수 속도를 낮추어 당뇨병을 억제하고 급격한 혈당 상승을 막는 효능이 있다고 하였다.

뿐만 아니라 사람의 살, 피, 뼈, 머리카락, 손톱, 발톱, 효소까지도 단백질로 구성이 되어 있기 때문에 단백질은 절대적으로 필요한데 콩에는 단백질이 많이 들어 있다. 특히 콩 속에 들어 있는 식물성 단백질은 40대 여성들이 걸리기 쉬운 골다공증을 예방하는 데 효과적이다.

그러나 단백질을 동물성으로만 섭취하게 되면 지방이 과잉 섭취되어서 심혈관 장애로 인한 고혈압, 중풍 등을 유발시킨다. 또한 성장기의 단백질 과잉 섭취는 성인병 발생 시기도 앞당겨 식원병의 원인이 되고 있다. 따라서 동물성 단백질을 대체할 수 있는 식품으로 콩을 주목할 필요가 있다.

현재 우리가 먹는 백미 위주의 식사는 비타민 B군이나 섬유질이 부족한 음식물이 대부분이다. 그러나 콩에는 쌀밥을 주식으로 하고 있는 한국인들에게 탄수화물 대사를 순조롭게 하는 비타민 B_1, B_2, B_6가 많고 섬유질, 무기질이 풍부하게 들어있다. 이외에도 콩에는 이소플라본과 아미노산이 풍부하다.

이소플라본은 콩의 배아 부분에 많이 포함되어 있으며, 여성 호르몬을 닮은 구조를 가지고 있어, 특히 여성의 아름다움을 끌어내는 데 좋은 식물성분이다. 이소플라본은 '식물성 여성호르몬 에스트로겐'으로 폐경기 이후에 나타날 수 있는 여러 가지 갱년기 증상을 개선시켜 주며, 대두에서 추출한 식물성 물질로서 부작용이 없어 인체에 안전한 물질이다.

콩에 들어 있는 중요한 성분 중의 하나가 아미노산인데 아미노산은 단백질의 구성성분이다. 학자들에 의하면 콩 단백질을 구성하고 있는 아미노산은 글리신과 알지닌이 육류보다 높아서 콩을 먹었을 때 혈액 속의 인슐린 양을 낮춰서 간에서의 콜레스테롤 합성을 적게 하도록 만든다는 것이다. 그리고 콩에는 유황을 가진 아미노산의 양이 적으며, 콩 속의 칼슘이 뼈를 보호할 수 있다.

5) 검은콩 먹는 방법

콩 속에는 트립신 저해제라고 하는 성분이 들어있기 때문에 콩은 반드시 익혀 먹어야만 한다. 트립신이란 우리 몸의 췌장에서 분비되는 단백질 소화효소인데, 이 트립신의 작용을 방해하는 성분이 콩에 들어있어 소화되지 않은 단백질이 대장으로 많이 흘러 들어가면 복부팽만, 가스, 설사 등의 증상이 나타난다.

콩은 익혀서 그 자체로만 먹어도 몸에 좋지만, 그보다 더 좋은 방법은 현미와 잡곡으로 된 주식과 콩을 함께 먹으면 완전한 영양을 섭취할 수 있다.

6) 콩자반

① 재료
밤콩 혹은 검은 콩 ½컵, 설탕 4T, 진간장 2T, 물 ½컵

② 만드는 방법
- 콩은 껍질이 얇은 것을 골라 깨끗이 씻어서 일은 다음 냄비에 넣고 하루를 불려 둔다.

- 콩을 냄비에 담아 콩이 잠길 만큼 콩물을 붓고 설탕, 진간장을 분량대로 넣고 약한 불에서 끓인다.
- 어느 정도 줄어들면 뚜껑을 열고 불을 줄인 다음 나머지 양념을 넣고 조린다.
- 아래위를 뒤적거려 주고 껍질이 윤기가 날 때까지 계속 조린다.
- 완성되면 그릇에 담는다.

03. 노화 방지에 좋은 검은깨

깨는 꿀풀과에 속하는 일년생 초본식물로 원산지는 인도로 알려져 있다. 우리나라에는 중국을 통해 들어왔는데, 중국에는 아라비아 상인에 의해 전해졌다. 고소한 향이 일품인 깨는 전통적인 향신료다. 불포화 지방산이 풍부하여 피부는 물론 건강에 좋은 식료이다.

깨는 통상적으로 참깨와 들깨를 통틀어 이르는 말이지만 참깨와 들깨가 식물학적으로 서로 관계없는 다른 과에 속한다. 참깨는 참깨과, 들깨는 꿀풀과에 속하는 일년생 초본식물이기 때문에 별 관계가 없는 다른 식물이다.

우리나라에는 본래 기름을 짜는 깨가 있었는데, 이것보다 좋은 기름이 많이 나오는 깨가 수입되면서 본래의 것은 들깨, 새로 들어온 것을 참깨라고 부르게 되었다.

1) 깨의 종류

깨라고 하면 보통 참깨를 일컬으며, 참깨는 유마(油麻), 지마(脂麻), 호마(胡麻), 진임(眞荏) 등으로 부르며, 들깨는 백소(白蘇), 수임(水荏), 야임(野荏), 임자(荏子) 등으로 부른다.

들깨는 빛깔에 따라 구분해 부르지 않지만, 참깨는 빛깔이 흰 것은 흰깨, 백유마(白油麻), 백지마(白脂麻), 백호마(白胡麻) 등으로 부르고, 빛깔이 검은 것은 검은깨, 검정깨, 흑유마(黑油麻), 흑지마(黑脂麻/黑芝麻), 흑호마(黑胡麻), 거승(巨勝), 흑임자(黑荏子) 등으로 부른다.

2) 깨의 성장

깨는 고온 다습하고 기후 변화가 적은 곳에서 잘 자란다. 서늘한 곳에서 잘 자라며 양분을 빨아들이는 힘이 강하므로 토양에 대한 적응성이 높다. 보통 채소밭의 한 모퉁이에서 재배되고, 길가 쪽 고랑에 심어서 가축에 의한 작물의 피해를 막기도 한다. 또, 콩이나 그 밖의 곡물과 혼작을 하기도 한다.

5월 하순에 1모작 참깨를 심을 때는 파종기로 씨앗을 뿌리거나 포트에 모종을 키워 이식하는 방법이 있다. 참깨는 꽃이 피기 시작하면 가뭄과 뜨거운 날씨에도 자라면서 계속 꽃이 피고 열매를 맺는다.

3) 깨의 성분

깨의 주요 영양 성분은 참깨, 들깨 모두 불포화 지방산이 풍부하고 단백질, 칼슘, 칼륨 함량이 매우 높으며 작물로서는 가장 많은 영양 성분을 함유하고 있다.

〈표-5-2〉 깨의 성분

영양분	함량	영양분	함량
단백질(g)	18.4	인	613
지질(g)	15.9	철	11.4
당질	51.40	비타민 A(IU)	0
섬유	6.56	비타민 B_1(mg)	0.53
칼슘	1,237	비타민 B_2(mg)	0.16
칼륨	526	비타민 E	7.6
탄수화물	21.5	비타민 C(mg)	0
나트륨	5		

4) 검은깨의 효능

검은깨는 기억력 증진에 좋은 레시틴과 리놀산이 혈액 순환과 노화 방지에 도움을 준다. 그리고 신진대사와 혈액 순환을 돕고 탈모를 예방한다. 깨에 포함된 불포화 지방산은 피부에 영양을 공급하며 토코페롤은 항산화 작용을 하여 피부노화 예방의 효과가 있다.

또한 검은깨에는 항산화 비타민으로 불리는 비타민 E가 풍부하다. 대장암의 예방 효과가 있는 것으로 보고된 오레인산이 깨 지방질의 40%를 차지하고, 간 기능을 돕고 해독작용을 높이는 세사민도 많다.

검은깨는 참깨보다 레시틴 성분을 약 3배 정도 보유하고 있어 두뇌 발달과 치매 예방에 매우 좋다.

5) 검은깨 먹는 방법

참깨와 들깨는 참기름과 들기름을 짜는 데 쓰기도 하지만, 기름을 짜지 않고 씨를 볶아서 요리에 쓰기도 한다. 잎과 꽃도 먹는다. 깻잎 중 요리에 쓰는 것은 주로 들깻잎이고, 참깻잎은 한약재로 쓴다.

깨의 꽃을 쓰는 음식으로는 깨보숭이가 있다. 들깨의 꽃송이에 찹쌀가루를 묻혀서 기름에 튀겨 만든다.

들깨의 잎은 수확해 먹을 수 있으며 이를 깻잎이라고 부르는데 주로 대한민국에서만 먹는다. 참깨의 잎도 먹을 수는 있지만 들깨의 잎과 생김새가 매우 다르며, 맛도 없다.

6) 흑임자죽

① 재료

검은깨 ⅓컵, 멥쌀 1컵, 물 5컵, 소금 약간, 설탕 약간

② 만드는 방법

- 멥쌀 한 컵을 물에 1~2시간 정도 불려서 건져 놓는다.

- 볶지 않은 검은깨를 준비해서 먹을 만큼만 덜어서 프라이팬에 볶아준다.
- 믹서기에 검은깨와 멥쌀을 넣고 물 1컵을 넣어서 갈아준다.
- 죽을 곱게 끓이려면 체에 한 번 걸러 준다.
- 냄비에 갈은 재료를 넣고 물 4컵을 더 넣고 약불에서 가열한다.
- 밑바닥까지 잘 저어가면서 끓여준다.
- 기호에 따라 소금이나 설탕을 약간 넣어준다.
- 죽이 다 끓으면 그릇에 담아낸다.

04. 여성에게 특별히 좋은 미역

미역은 미역과의 한해살이 갈조류로 뿌리, 줄기, 잎으로 되어 있으며 길이는 1~2m, 폭은 60㎝ 정도이다. 우리나라 모든 연안에 분포하고 있으나 양식은 동해 남부 연안과 완도를 중심으로 하는 남해안에서 가장 잘 자란다. 빛깔은 검은 갈색 또는 누런 갈색으로 주로 가을에서 겨울 동안 바위에 붙어 자라며 포자로 번식한다.

미역은 100℃의 물에 잠시 데쳐서 소금으로 주물러서 소금 절임으로 하여 저장하기도 한다. 소금 절임은 건조 미역보다 장마철에 변질하지 않아서 보장성이 높다. 미역의 이용은 쇠고기·홍합·광어 등을 넣어서 끓인 국이 가장 보편적이다.

1) 미역의 성장

미역 포자가 바위나 돌에 착생하여 조수가 다 빠졌을 때의 물 높이 선 아래에 산다. 미역은 일년생 해초이며 지방에 따라 차이가 있으나 대체로 가을에서 겨울 동안에 자라고 봄에서 초여름 동안에 무성포자를 내어서 번식한다.

미역의 생장은 17~20℃가 가장 좋고 23℃ 이상의 수온에서는 휴면을 한다. 가을이 되어 수온이 다시 내려 20℃ 이하가 되면 다시 미역이 성장한다.

본체 줄기가 다 크면 포자엽이 생겨서 수온 14℃ 이상이면 성숙하여 유주자를 방출하기 시작하고 모체는 차차 유실된다.

미역이 다 자라면 긴 혁대 모양을 하며 온전한 것은 길이 10~40cm, 너비 1~2.5cm이다. 미역의 질은 얇으며 부드럽고 매끄럽다. 벗기기 쉽고 벗기면 두 층을 이룬다. 비린내가 나고 맛은 짜다.

2) 미역의 성분

미역에는 칼슘 함유량이 분유와 맞먹을 정도로 많이 들어 있어 특히 여성의 골다공증이나 골연화증에도 매우 좋다. 그리고 미역에는 셀룰로오스라는 불용성 식이섬유, 알긴산과 후코이단이라는 수용성 식이섬유가 모두 포함되어 있다.

〈표-5-3〉 미역의 성분

영양분	함량	영양분	함량
단백질(g)	2.1	인	40
지질(g)	0.2	철	11.4
당질	51.40	비타민 A(IU)	233
섬유	4.75	비타민 B_1(mg)	0.06
칼슘	153	비타민 B_2(mg)	0.16
칼륨	526	비타민 E	0.1
베타카로틴	1,398	비타민 C(mg)	18
나트륨	5	수분	88.8

3) 미역의 효능

바다의 채소 미역에는 칼슘과 식이섬유가 풍부하며 베타카로틴이 많이 함유되어 있어서 항종양, 항돌연변이에 효과가 있다. 그리고 미역은 알칼리성 식품으로 각종 미네랄과 비타민, 식이섬유가 많고 피를 맑게 하고 변비를 예방하고, 노화 방지, 비만 예방, 갑상선 장애 방지, 동맥경화. 고혈압 등 성인병을 예방해 준다. 그리고 골다공증을 예방하는 데 도움이 된다.

특히, 우리나라에서는 예로부터 해산을 한 산모에게 미역국을 먹이는 풍습이 있다. 미역에는 칼슘의 함량이 많을 뿐 아니라 흡수율이 높아서 칼슘이 많이 요구되는 산모에게 좋고, 갑상선 호르몬의 주성분인 요드의 함량도 높다. 또한, 혈압강하작용을 하는 라미닌(laminine)이라는 아미노산이 함유되어 있으며, 핏속의 콜레스테롤의 양을 감소시키는 효과도 있다.

섬유질의 함량이 많아서 장의 운동을 촉진시킴으로써 임산부에 생기기 쉬운 변비 예방에도 효과가 있다. 그리고 자극성이 적어 자극성 음식물을 기피하는 산모에게 매우 적합하다고 하겠다.

4) 미역 먹는 방법

생미역을 손바닥 크기로 잘라서 초고추장에 찍어 먹어도 좋으며, 손바닥 크기로 잘라 고추장을 넣고 밥을 싸서 먹는 미역쌈으로 먹어도 좋다. 생미역을 잘게 썰어서 장과 기름을 치고 주물러 무친 미역무침이 있으며, 마른미역을 잘게 썰어 기름을 쳐서 간하여 번철(燔鐵)에 볶은 미역볶음이 있다.

마른 미역을 반듯하게 약간 잘게 썰어서 끓는 기름에 튀긴 미역자반도 있으며, 잘게 뜯은 생미역에다 고추장·된장·고기·파·기름·깨소금을 쳐서 주물러 물을 약간만 붓고 끓인 미역 지짐 등이 있다.

미역 채를 냉국에 넣고 초를 친 미역냉국이 있으며, 미역귀(胞子葉)로 담근 미역귀김치를 만들어 먹을 수 있다.

5) 미역냉국

① 재료

마른 미역 불린 것 1컵, 오이 ½개. 다진 마늘 1t, 간장 1t, 고춧가루 1t, 참기름 ½t, 깨소금 ½t, 다시마 10cm, 물 2컵, 간장 1T, 설탕 1T, 식초

1T, 얼음 4개, 홍고추 ¼개

② 만드는 방법

- 마른 미역은 물에 넣어 30분 정도 불린 다음 살짝 데쳐 짧게 썰어 놓는다.
- 오이는 채를 썬다.
- 멸치는 분량의 물을 붓고 팔팔 끓여 국물이 우러나면 건져내고 식힌 다음 간장, 식초, 설탕으로 간을 맞추어 차게 둔다.
- 썰은 미역은 간장, 마늘, 고춧가루, 깨소금, 참기름을 넣어 고루 무친다.
- 그릇에 담고 어슷 썬 오이를 얹은 뒤 차게 식혀 둔 국물을 붓고
- 얼음을 띄운 후 청고추와 홍고추를 썰어서 올린다.

05. 시력 보호에 좋은 김

　보라털과에 속하는 해조.로 한자어로는 김은 바닷가의 바위옷 같다고 하여 '해의(海衣)'·'자채(紫菜)'라고 한다. 요즈음에는 '해태(海苔)'로 널리 쓰이고 있으나 이것은 일본식 표기로, 우리나라에서의 '파래'를 가리키는 것이다. 한국 사람들이 좋아하는 식품으로 손꼽히는 것이 바로 김이다.

　김은 농축산물에 비해 영양분의 소화 흡수량이 높아 총영양분의 70%가 소화 흡수되며 요리가 쉽고 맛이 뛰어나 많은 사람들로 부터 사랑을 받고 있다. 그러나 세계에서 김을 먹는 나라는 우리나라와 일본뿐이다. 김을 만드는 방법은 김을 바다에서 채취하여 바닷물에 씻은 다음 칼로 잘라 종이 모양으로 펴서 건조시켜 마른 김을 만든다.

1) 김의 성분

　한 장의 김에 들어 있는 단백질은 계란 1개와 같고, 비타민 A는 계란 3개와 똑같은 양이 들어 있으며, 미네랄, 무기질은 쇠고기의 100배 정도 들어 있다. 비타민 C는 귤의 3배, 레몬, 토마토와 비슷하다. 또한 김은 어느 식품보다 더 풍부한 단백질을 함유하고 있다.

마른 김의 경우 100g 기준 12칼로리(kcal) 정도 되며 조미김의 경우 제품마다 각각 다르긴 하지만 대략적으로 20~30칼로리(kcal) 정도 된다. 또한 김은 영양성분 구성이 탄수화물 비율이 35%에서 많게는 40% 정도 되는데 낮은 품질의 김일수록 탄수화물 비율이 높다. 김은 단백질 역시 풍부한 음식인데 마른 김을 다섯 장 정도 섭취해 주면 계란 1개를 섭취한 양과 비슷하다.

〈표-5-4〉 김의 성분

영양분	함량	영양분	함량
단백질(g)	34	철	46
지질(g)	0.9	비타민 A(IU)	0
당질	40	비타민 B$_1$(mg)	1.15
섬유	4.89	비타민 B$_2$(mg)	3.4
칼슘	420	비타민 E	4.3
칼륨	2,100	비타민 C(mg)	20
카로틴(µg)	25,000	수분	11.1
나이아신	9.8		

4) 김의 효능

옛말에 정월 대보름에 밥을 김에 싸서 먹으면 눈이 밝아진다고 했다. 서양에서는 흔한 요오드 결핍증이 우리나라에 없는 것은 김을 먹었기 때문이다. 평소에 비타민 A가 부족하면 시력 감퇴뿐만 아니라 야맹증까지 생길 수 있는데 김에는 눈의 비타민이라고 불리는 비타민 A가 매우 풍부하다.

5) 김 먹는 방법

김에는 지방이 1%도 안 들어 있어 구울 때는 기름을 바르는데, 기름을 바르지 않고 굽는 것보다 색깔도 좋고 맛과 영양이 향상된다. 김에 기름을 발라 먹는 방법을 처음 개발한 나라는 일본인데, 현재 일본에서는 기름과 소금에 재서 만든 구이 김이 자취를 감추고 있다. 아무리 신선한 기름을 사용했더라도 유통 중 공기와 햇볕으로 산화가 되어 유해 성분이 생기기 쉽기 때문이다.

김을 보관하는 방법으로는 김은 습기를 피해야 하므로 비닐 봉투에 넣어 냉동실에 보관하였다가 먹으면 맛과 향을 유지시킬 수 있다.

06. 해독 성능이 강한 다시마

다시마는 다시마과에 속하는 해조류로 바다의 채소라고 한다. 다시마는 주로 한대와 아한대 연안에만 서식한다. 그래서 우리나라 동해안 북부나 일본의 홋카이도, 토호쿠연안, 캄차카반도, 사할린섬 등에서 많이 서식하기 때문에 주로 일본과 한국에서만 먹는다.

원래 한국 중남부 해역에선 자연적으로 서식하지 않았으나, 동해안을 비롯해 남해안까지 대량 양식으로 생산되고 있다. 우리나라에서 완도를 중심으로 한 전남지역이 전체 생산량의 대부분을 차지하고 있다. 다시마는 미역, 김 만큼이나 많이 먹는 해조류로 값싸고 구하기도 쉬우며, 특유의 감칠맛 때문에 말려서 국물 육수 용도로 쓰는 경우가 많다.

1) 다시마의 특징

주변이 온통 바다인 한국과 일본, 사할린에서는 미역, 김 만큼이나 많이 먹는 해조류로 값싸고 구하기도 쉽다. 일본에서는 국물을 내는 필수요소이며, 이 특유의 감칠맛을 연구하던 일본인 학자에 의해 화학조미료의 대명사이자 최초의 화학조미료인 MSG(L-글루타민산나트륨)가 나타났다. 최초의 제법은 말 그대로 다시마를 산분해하는 것이었으나, 이후 대두, 밀의 글루텐을 산분해하여 생산하였고 현대에 들어서 생합성법이 개발되어 미생물을 이용한 발효를 통해 생산하고 있다.

영미권에서는 원래 해조류를 잘 먹지 않다 보니 생소한 식품으로 요즘엔 샐러드 등에 넣는 레시피가 개발되고 있다.

한국에는 특히 멸치와 함께 잔치국수 등을 비롯한 여러 음식의 국물을 내는 용도로 자주 쓰이며, 특유의 감칠맛 때문에 말려서 국물 육수 용도로 쓰는 경우가 많다. 그 외 날것으로 먹거나, 다시마를 튀겨서 설탕을 묻혀 먹는 튀각 등 종류가 다양한 편으로 조미료를 친 다음 압착하고 반건조해서 젤리처

럼 만들어서 먹기도 한다. 말린 다시마 표면에는 흰 가루가 앉아 있는 것을 볼 수 있는데, 이 가루는 건조 과정에서 자연스럽게 생기는 성분이다. 곶감 표면에 생기는 흰 가루와 비슷한 것으로 일종의 천연 조미료이기 때문에 먹어도 된다.

2) 다시마의 성장

바위에 붙어 포자로 번식한다. 두께 2~3mm 정도의 두꺼운 잎을 가지고 있는 것이 특징이다. 미역보다는 수명이 길어 3~4년 동안 자란다.

다시마에서 자낭반의 6~9월에 형성되어, 8~11월에는 씨와 같은 유주자의 방출하여 바위 위에 붙는다. 그리고 자라기 시작하여 7~8월에 1~3m로 성장하며, 다음 해 여름에 완전 성숙해진다.

3) 다시마의 성분

다시마는 알긴산(Alginic acid)을 비롯한 섬유질이 많아서인지 다이어트용으로 각광받고 있다. 다시마에는 요오드와 칼슘, 철, 칼륨 등 미네랄류와 알긴산과 후코이단 등의 식이섬유, 아미노산인 라미닌 등이 풍부하게 포함되어 있다. 다시마의 요오드의 함량은 식재료 중에서도 최고 수준이다.

〈표-5-5〉다시마의 성분

영양분	함량	영양분	함량
단백질(g)	34	철	46
지질(g)	0.9	비타민 A(IU)	0
당질	40	비타민 B_1(mg)	1.15
섬유	4.89	비타민 B_2(mg)	3.4
칼슘	420	비타민 E	4.3
칼륨	2,100	비타민 C(mg)	20
카로틴(μg)	25,000	수분	11.1
나이아신	9.8		

4) 다시마의 효능

다시마의 식이섬유인 '알긴산'은 탄수화물과 지질의 흡수를 막고 간에서 지방의 합성을 억제해 지질 대사를 정상화하는 기능을 한다. 다시마는 요오드가 가장 많이 들어있는 식품 중 하나로, 요오드는 갑상선 호르몬의 원료가 되며 성장 촉진 및 기초대사 활성화, 살균 작용 등에 효과적이다.

다시마에는 체지방의 연소를 촉진하고 고혈당을 예방하는 후코키산틴과 면역력을 강화하는 후코이단 성분도 풍부하다. 다시마의 맛을 내는 성분인 글루타민산은 아미노산의 일종으로, 기억력과 집중력을 향상해 치매를 예방하는 데 도움이 된다. 과식을 막아주는 효과도 있어 과식으로 인한 염분 과다 섭취를 줄일 수 있다.

5) 다시마 먹는 방법

다시마로 육수를 낼 땐 물을 불에 올리기 전 찬물일 때 넣고 불린 후 끓어오르면 건져내는 게 좋다. 그 이상 끓이면 다시마에서 맛있는 성분 외에 텁텁하고 쏩쓸한 성분까지 우러난다. 그리고 어느 정도 이상 오래 끓이면 끈끈한 성분도 녹아 나오기 시작해 국물도 탁해진다. 국물이 탁해지면 각종 채소나 조미료를 넣어서 쏩쓸한 맛을 잡아줄 수 있다.

깔끔한 국물을 위해서는 아예 끓이지 않고 하루 동안 찬물에 넣어 두어 국물을 내기도 한다. 또는 다시마와 마른 표고버섯을 같이 끓여 만능 육수로 사용하기도 한다. 국물을 내고 남은 다시마는 버리기 아까우면 무쳐서 먹을 수 있다.

6) 다시마 쌈

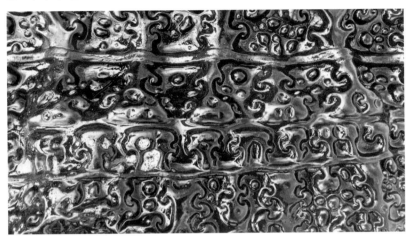

① 재료

다시마 2줄기

[쌈장]

된장 2T, 마늘 ½T, 고춧가루 ½T, 참기름 1T, 통깨 1T

[액젓 양념장]

액젓 2T, 고춧가루 ½T, 통깨½T

② 만드는 방법

• 염분이 있는 다시마를 물에 헹구어 낸다.

- 물을 끓인다.
- 물이 끓으면 다시마를 넣고 1분 정도 끓인다.
- 찬물로 헹구어 낸다.
- 다시마의 물기를 뺀다.
- 된장 2T, 마늘½T, 고춧가루½T, 참기름 1T, 통깨 1T를 넣고 쌈 장을 만든다.
- 액젓 2T, 고춧가루½T, 통깨½T를 넣고 액젓 양념장을 만든다.

제6장
암을 예방하는 퍼플 푸드

01. 퍼플 푸드란 무엇인가?

슈퍼 푸드 중 진한 보랏빛을 내는 식품을 퍼플 푸드라고 한다. 퍼플 푸드는 안토시아닌 때문에 진한 보라색 빛을 띤다. 안토시아닌은 노화 억제에 좋은 식품이기 때문에 젊음의 묘약이라고 불리기도 한다. 또한 안토시아닌은 혈액순환과 눈 건강에 좋은 대표 항산화 물질이다. 혈관 속 노폐물을 제거해 고지혈증이나 콜레스테롤 수치 개선에 도움을 줄 수 있다.

진한 보라색을 띠는 퍼플 푸드에는 포도, 가지, 자두, 블루베리, 오디, 적색 양파, 자색 고구마 등이 있다. 포도는 이미 적포도주의 원료로 심장병을 예방하는 효과가 뛰어나다고 널리 알려져 있다. 포도 껍질에 들어있는 플라보노이드는 동물성 지방 섭취로 증가하는 노폐물이 혈관 벽에 침착하는 것을 막고 좋은 콜레스테롤 수준을 높여준다. 특히 유해산소에 의한 유전자 손상을 감소시키는 항암 작용도 한다.

퍼플 푸드는 2017년 미국 매체 베이킹 비즈니스(Baking Business)는 '글로벌 식품 트렌드' 중 하나로 보라색 식품을 선정했으며, 2021년에는 네덜란드 식품 제조업체 지엔티 그룹(GNT Group)이 꼽은 '2021년 트렌드 컬러'에 선정되어 세계적으로 선풍적인 인기를 얻었다. 보라색의 인기가 높아지면서 음료업계와 커피전문점에서는 라벤더 등 퍼플 푸드를 활용한 음료를 내놓고 있다.

02. 젊음을 유지하게 해주는 포도

포도(葡萄; grape)는 포도과의 열매를 말한다. 포도는 낙엽성 덩굴식물로 선사시대부터 인류가 먹기 시작한 과일이다. 포도의 원산지는 아시아 서부의 흑해 연안과 카프카 지방으로 알려져 있다.

포도는 향미가 좋고 과즙이 풍부하여 전세계에 널리 전파되었다. 포도를 동아시아에 전파한 것은 기원전 2세기 중국의 장건으로 알려져 있다. 우리나라에는 삼국시대 무렵 전래된 것으로 보이며, 고려 시대의 문집에서 포도에 관한 기록이 나타나고 있으며, 오늘날처럼 개량된 식용 포도의 재배는 1950년부터 시작되었다.

포도의 주산지는 경상북도나 전국에서 재배되고 있으며, 우리나라에서 재배되는 품종은 캠벨 얼리·머스캣 베일리·블랙 함부르크·델러웨어·거봉 등 다양하다. 포도는 주로 생으로 먹으며 음료와 포도주·잼·건과·통조림 등으로도 널리 이용된다.

1) 포도의 종류

포도의 색상은 흔히 보라색으로 표현되지만, 색깔에 따라서 포도(보라색; blue grape) 청포도(녹색; white grape), 적포도(적색; red grape)로 구분한다. 한국에서 처음 재배된 종은 주로 보라색 계열의 생식용 포도였으나, 21세기 들어 샤인머스캣 등의 수입 포도가 들어오면서 청포도, 적포도 계열의 포도가 생산되기 시작하였다.

포도 품종을 크게 유럽종(Vinifera), 미국종(Labrusca), 잡종(Hybrid)으로 나눌 수 있다. 양조용 포도는 대부분 유럽종인 비니페라(Vitis vinifera)종이다. 생식용 포도는 미국이 원산지인 라브루스카(Vitis labrusca)종으로, 한국을 포함한 극히 일부 국가에서 식용 포도로 와인을 생산한다.

포도는 전세계에 전파하는 과정에 새로운 품종이 생겨남에 따라 남유럽계·중앙아시아계·동아시아계 등의 재배형으로 분화하였으며, 오늘날 전세계적으로 총 15만여 품종이 개량되어 재배되고 있다.

2) 포도의 성장

포도나무는 뿌리가 잘 내리므로 삽목으로 주로 번식한다. 겨울철 포도가 휴면기에 들어갔을 때 잘 자란 1년생 가지를 채취하여 마르지 않도록 밀봉하여 5℃ 정도 되는 저장고에 보관한다. 봄에 이 가지를 3마디로 잘라 가운데 눈을 제거 후 땅에 삽목한다.

포도나무는 성장하면서 나무의 껍질은 적갈색으로 세로로 길게 갈라지며 벗겨진다. 포도나무의 잎은 마주나며 덩굴손으로 다른 물체를 감고 올라간다. 잎의 뒷면에는 흰색의 털이 있다. 꽃은 6월에 피고, 수분하면 열매는 8~9월에 청록색에서 흑자색으로 익는다. 가장 맛있는 시기는 9월 초순부터 말까지, 즉 초가을이다. 보통 포도나무 한 그루에 50~60송이가 열린다. 성숙함에 따라 당분이 증가하고 산이 감소하며, 완숙하면 당분이 최대가 된다.

3) 포도의 특징

포도에는 다양한 영양분이 들어 있어서 포도 한 송이만으로 한 끼 식사를 간단하게 대신할 수도 있다. 그리고 포도는 수확량이 많지만, 금방 상하고 물러서 보존은 상당히 힘들기 때문에 포도를 보존하기 위해 자연스럽게 포도주와 건포도 등 가공제품이 크게 발달하게 되었다.

4) 포도의 성분

포도는 비타민과 유기산이 풍부하여 과일의 여왕이라고도 불리며 알칼리성 식품으로 피로 회복에 좋다. 포도는 100g당 54kcal이며, 비타민 B_1, B_2, C, 칼슘, 타닌 등의 성분을 다량 함유하고 있어 신진대사를 원활하게 돕는 효능을 가지고 있다. 당분은 보통 14~15%이다. 향미 성분으로 여러 가지 유기산이 있는데, 주석산과 사과산이 대부분을 차지한다.

〈표-6-1〉 포도의 성분

영양분	함량	영양분	함량
단백질(g)	0.5	철	0.2
지질(g)	0.1	비타민 A(IU)	2
당질	12.2	비타민 B$_1$(mg)	0.06
섬유	0.9	비타민 B$_2$(mg)	0.01
칼슘	5	비타민 E	4.3
칼륨	165	비타민 C(mg)	20
인	13	수분	86.9
나이아신	0.2	칼로리(kcal)	54

5) 포도의 효능

포도는 신진대사를 촉진하여 피로 회복 및 원기 회복을 도와 천연 피로 회복제의 역할을 한다. 특히 포도는 폴리페놀 및 펙틴 등 각종 항산화 성분이 풍부하여 콜레스테롤 수치를 낮춰주고 혈관에 노폐물이 쌓이는 것을 억제하여 고혈압, 심근경색 등 각종 혈관질환 예방에 탁월하다.

포도의 살신산이란 성분은 혈관을 깨끗이 해줘서 혈액순환에 도움을 주며, 혈압과 혈당을 낮춰주는 데 도움이 된다. 안토시아닌 성분이 노화 방지에도 도움이 되는 항산화 성분으로 활성산소의 생성을 억제시켜 준다. 또한 소염제 효능도 있고 혈당 신진대사를 높이기에 당뇨병에도 도움이 되며, 시력을 유지하는데 좋은 성분이다.

6) 포도 먹는 방법

신선한 포도에는 하얀 밀가루 같은 가루가 묻어있는 경우가 있는데, 이는 블룸이라고 부르는 것으로, 과일의 수분을 보호하는 기능을 갖고 있어서 없으면 포도의 상품 가치가 떨어진다.

상자에 담겨 판매되는 포도는 종이로 별도 포장되어 있는데, 이 종이는 열매가 자랄 때 농약, 해충, 병균을 막기 위해 포도송이가 자랄 때 씌운 것이다. 그러나 유기농 포도의 경우야 상관이 없지만, 일반 포도에는 농약이나 비료가 묻어 있을 수 있으니 구입한 뒤 깨끗한 씻어서 먹는 것이 좋다.

포도 껍질의 레스베라트롤 성분은 콜레스테롤 감소시켜 다이어트에도 도움이 된다. 따라서 포도는 껍질까지 섭취하는 것이 좋다.

7) 포도잼

① 재료
포도 4송이, 설탕 1컵, 레몬즙(레몬청) 2T

② 만드는 방법
- 포도송이를 물에 깨끗이 씻어 준다.
- 포도알을 모두 따고, 상한 것들은 골라 버린다.
- 포도알들을 으깨준다.
- 으깬 포도를 냄비에 넣고 센불로 끓인다.
- 끓기 시작하면 중불로 바꿔주고 눌러 붙지 않도록 저어준다.
- 몽글몽글해지면 다른 냄비에 체로 남아 있는 껍질과 씨를 걸러 낸다.

- 약불로 조려준다.
- 설탕 한 컵과 레몬청을 넣고 저어 준다.
- 몽글몽글해지면 식혔다가 병에 담아 둔다.

02. 눈을 좋게 하는 블루베리

블루베리는 산앵도나무속에 속하는 검푸른 열매를 모두 블루베리라고 부른다. 좁은 의미의 블루베리는 북아메리카를 비롯한 북반구 전역에 분포하는 식물이다. 블루베리(Blue berry)는 파란 열매라는 뜻이지만, 열매는 파란색이 아닌 검은색에 가까운 어두운 남보라색이다. 북아메리카가 원산인 블루베리는 20여 종이 있으며, 한국에도 토종인 정금나무·산앵두나무 등이 있으며 모두 열매를 먹을 수 있다. 미국 타임지가 선정한 10대 슈퍼 푸드 중 하나이다.

세계적으로 블루베리 관련 제품으로 캔디, 껌, 잼, 드링크류 등이 생산되고 있으며, 최근에는 블루베리에 함유된 눈에 좋은 루테인 성분을 활용하여 착안한 기능성식품과 의약품 개발이 활발하게 추진되고 있다. 블루베리의 재배 및 관련 산업은 미국, 캐나다, 일본, 독일, 뉴질랜드 등에서 활발히 전개되고 있다.

한국에서는 2010년 무렵부터 전북 정읍, 경기도 평택을 중심으로 재배, 생산이 본격화되었으며, 2012년부터는 미국에서 생과로 수입되어 가격이 저렴해지고 보급 속도가 빨라지면서 대중적인 과일로 자리매김했다.

1) 블루베리의 종류

블루베리(blueberry)는 세계적으로 북반구를 중심으로 150~200종이 분포되어 있으며, 로 부시(low bush) 블루베리, 하이 부시(high bush) 블루베리, 래비트아이(rabbiteye) 블루베리 등 세 품종이 주종을 이루고 있다. 로 부시 베리는 특히 미국 북동부에서 많이 재배하고 매 3년 마다 불로 태우면서 가꾼다. 산성토양에서 잘 자라며, 염기성과 중성토양에서는 잘 자라지 않는다.

2) 블루베리의 성장

블루베리의 번식은 기존의 블루베리 나무의 뿌리를 나누어 심어도 되며, 종자를 뿌려서 재배하기도 한다. 블루베리의 열매는 거의 둥글고 1개가 1~1.5g이며 색깔은 짙은 하늘색, 붉은빛을 띤 갈색, 검은색 등이 있으며, 표면에는 흰가루가 묻어 있다.

3) 블루베리의 성분

블루베리는 100g당 식이섬유가 4.5g이 들어 있으며 칼슘, 철, 망간 등이 많이 함유되어 있다. 그리고 비타민 K, C 등 각종 비타민이 풍부하다.

〈표-6-2〉 블루베리의 성분

영양분	함량	영양분	함량
단백질(g)	0.7	루테인	80
지질(g)	0.4	비타민 A(IU)	10.3
당질	12.2	비타민 B_1(mg)	0.05
섬유	2.	비타민 B_2(mg)	0.05
칼슘	6	비타민 E	0.57
칼륨	89	비타민 C(mg)	13.1
엽산	6	수분	86.9
베타카로틴	32	칼로리(kcal)	26.6

4) 블루베리의 효능

블루베리에 함유된 푸른색으로 상징되는 안토시안 색소는 노화 방지, 당뇨병·대장암 예방, 눈 피로 해소, 기억력 증진에 도움을 준다고 알려졌다. 또한 혈관 속 노폐물을 배출시켜 피를 맑게 하고 혈액순환을 원활히 한다.

블루베리에는 안토시아닌, 폴리페놀, 베타카로틴 등 강력한 항산화 물질들이 들어 있다. 항산화 물질들은 활성산소를 제거해 노화 방지, 치매 예방이나 면역력 증가 등의 효과가 있다. 그리고 블루베리에 들어 있는 루테인은 눈 건강과 노화에 따른 시력 감퇴에 효과가 있다. 안구 망막에 있는 로돕신은 시력에 관여하는 자주색 색소체로, 빛의 자극을 뇌로 전달해 물체를 볼 수 있게 돕는다. 로돕신이 부족하면 시력 저하를 비롯한 안구질환이 생기는데, 루테인은 로돕신 재합성을 촉진해 백내장을 예방해 주며, 눈의 피로 개선, 당뇨망막증 치료 등에 효과적이다.

블루베리에 풍부한 안토시아닌과 플라보놀스는 뇌로 이동해 신경세포 간의 결합을 자극한다. 이렇게 세포의 신경이 자극되면 기억력 증진에 도움이 된다.

5) 블루베리 먹는 방법

블루베리는 한 번에 많은 양을 먹기보다 장기간 꾸준히 먹는 것이 좋다. 안토시아닌 효과는 식후 4시간 이내에 나타나 24시간 내에 사라지기 때문이다. 하루에 20~30개(40~80g)를 3개월 이상 지속적으로 먹는 게 효과적이다. 블루베리는 껍질에 안토시아닌이 많이 함유돼 있기 때문에 껍질까지 먹어야 효과가 크다.

블루베리의 맛은 새콤달콤한 편이기에 맛이 있기에 생으로 씹어 먹어도 좋다. 그러나 블루베리 자체에는 단맛과 풍미가 강하지 않기에 다른 당도가 높은 과일들과 같이 먹는 것이 좋다. 다른 과일과 같이 먹을 때는 샐러드에 생 블루베리를 넣어 먹기도 하고, 냉동 블루베리를 냉동 과일들에 넣어 과일샐러 드를 만들기도 한다.

블루베리는 요거트 우유와 함께 갈아서 스무디로 만들어 먹거나 시리얼에 토핑해 먹어도 좋으며, 블루베리를 갈아서 아이스크림으로 만들어 먹을 수도 있고, 잼이나 청으로 만들어 빵 · 케이크 · 과자 등과 곁들여 먹어도 좋다.

블루베리를 가장 간단하게 먹는 방법은 우유나 요거트에 넣어서 먹어도 좋 으며, 꿀을 뿌려 먹어도 좋다.

블루베리의 맛은 달고 신맛이 약간 있기 때문에 잼·주스·통조림 등을 만들 어 먹기도 한다.

6) 블루베리잼

① 재료
블루베리 1kg, 설탕 1컵, 레몬즙(레몬청) 2T

② 만드는 방법
- 블루베리를 물에 깨끗이 씻어 준다.
- 블루베리 중에서 상한 것들은 골라 버린다.
- 블루베리를 으깨준다.
- 으깬 블루베리를 냄비에 넣고 센불로 끓인다.
- 끓기 시작하면 중불로 바꿔주고 눌러 붙지 않도록 저어준다.
- 몽글몽글해지면 다른 냄비에 체로 남아 있는 껍질과 씨를 걸러 낸다.
- 약불로 조려준다.
- 설탕 한 컵과 레몬청을 넣고 저어 준다.
- 몽글몽글해지면 식혔다가 병에 담아 둔다.

04. 암을 예방하는 가지

가지(eggplant)는 가지속에 속하는 고온성 작물로 온대에서는 한해살이풀이나 열대에서는 여러해살이풀이다. 원산지는 인도이며, 한반도에는 중국을 통해 들어와 신라 시대부터 재배되었다. 가지는 독성이 없으나, 익지 않은 가지에는 솔라닌이라는 독성이 있다.

가지는 한자어로, 본래 한자어로 '茄子(가자)'인데 한국어에서는 중국어 종성 [zi]의 영향을 받아 표기까지 '가지'가 되었다. 한국 이외의 한자문화권에서는 중국어 '茄子[qiézi]', 일본어 '茄子[ナス; nasu]' 로 '가자'라는 어휘를 그대로 사용한다.

열매를 빼면 전체적으로 회색빛 성상모가 특징인 식물로, 식용으로 많이 사용한다.

2) 가지의 특징

가지 열매는 원래는 방울토마토와 비슷하게 작고 동글동글한 열매였으나 오랜 세월 품종개량이 이루어져 오늘날처럼 굵고 길쭉한 모습으로 바뀌었다. 개량 이전의 모습은 가지의 영어 이름은 Egg plant인 것을 보면 알 수 있듯이 마치 감자 열매나 계란처럼 생겼었다.

가지는 특유의 식감과 향취 때문에 호불호가 많은 식품으로 특히 한국에서 가지는 아이들은 물론, 어른들 사이에서도 기피하는 사람이 적지 않은 식재료로 손꼽힌다. 단순히 맛이 약하거나 없어서 안 먹는 것이 아니라 대충 익히거나 찐 가지는 그 특유의 속살이 물컹하면서도 껍질의 질깃한 식감과 향미를 싫어하는 경우도 있다.

3) 가지의 성장

가지는 씨앗을 심기보다는 시중에서 판매하는 모종을 구입해 심는 것이 좋다. 모종을 구입해 심더라도 지역의 특성에 맞추어 늦봄에 심기 시작해서 늦

서리가 내리는 시기를 피해야 한다.

가지는 다 자라면 높이 60~100㎝로 전체에 별 모양의 털이 있고 가시가 생기기도 한다. 잎은 어긋나고 자루가 있다. 꽃은 6~9월에 피는데 마디 사이의 중앙에서 꽃대가 나와 몇 송이의 꽃이 달리고 꽃받침은 자줏빛이다.

가지는 5~6월에 꽃이 피고 7~8월에 열매가 익는다. 대개 '가지'라 하면 가지의 열매를 지칭하며, 검은 자줏빛의 외피와 스펀지 같은 촉감의 흰 과육으로 이루어졌다. 신선한 가지는 열매 꼭지 부분에 가시가 있어 취급에 주의를 요하기도 한다. 검은 빛깔의 껍질에는 안토시아닌이 많이 들어있다.

4) 가지의 성분

가지는 다른 채소에 비하면 비타민 등이 부족하고 탄수화물 중에서는 환원당이 많고 그 밖에 자당과 수량의 떫은맛이 나는 데 약 39%가 수분이며 가식부위는 95% 정도이다. 가지의 영양성분은 다른 과일이나 채소들과 마찬가지로, 탄수화물과 섬유질이 있다. 가지는 포만감을 느끼도록 하기 때문에 과식할 가능성이 적다.

〈표-6-3〉 가지의 성분

영양분	함량	영양분	함량
단백질(g)	1.1	철	0.
지질(g)	0.1	비타민 A(IU)	23
당질	3.3	비타민 B$_1$(mg)	0.04
섬유	0.7	비타민 B$_2$(mg)	0.04
칼슘	15	비타민 E	0.57
칼륨	22089	비타민 C(mg)	5
나이아신	0.5	수분	94.1
카로틴	41	칼로리(kcal)	18

5) 가지의 효능

가지는 안토시아닌 성분은 활성산소를 제거해 주는 효과가 있어 세포 손상을 막아주고 항산화 효능이 있어 세포 노화는 물론 면역력을 강화시켜 바이러스성 질병과 각종 질병으로부터 예방해 주는 데 도움을 준다. 또한 폴리페놀 성분을 다량으로 함유하고 있어 암을 유발하는 발암물질을 억제하는데 도움을 주어 유방암과 대장암 그리고 위암 등 각종 암에 좋은 채소로 알려져 있다.

가지는 피부에 좋으며 특히 여드름에 좋다. 가지는 풍부한 미네랄을 함유하고 있으며, 가지 특유의 보라색을 내는 안토시아닌, 레스베라트롤 등의 파이토케미컬이 풍부하다. 가지는 비싸지 않고 흔하게 구할 수 있는, 가격대비 안토시아닌 함유량이 많은 채소다. 식이섬유 함유량이 풍부하여 장이 안 좋은 사람에게 좋다.

6) 가지 먹는 방법

가지는 단맛이 나는 채소이며, 생가지의 식감은 즙이 많은데 폭신함이 느껴진다. 밭에서 바로 딴 가지를 간식거리로 먹을 만하다. 그러나 시중에서 파는 가지는 유통 과정에서 시간이 지나기 때문에 맛이 좀 떨어진다.

가지는 조리법에 따라 맛이 굉장히 차이 나며, 신선도와 온도, 보관 방법에 따라서도 맛이 변하기 쉬운 식재이다. 가지는 보통 껍질째로 조리하며, 전으로 부치거나 쪄서 먹는다. 한국에서는 주로 나물무침으로 많이 먹고, 가지밥도 한다.

7) 가지 조림

① 재료
가지 1개, 소금 약간

[무침양념]
붉은 고추 ½개, 간장 1t, 다진 파 1t, 다진 마늘 ½t, 소금 1t, 깨소금 약간, 참기름 약간

② 만드는 방법
- 가지는 색이 짙고 윤이 나며 흠집 없는 것으로 준비해 깨끗이 씻은 다음 4등분으로 가른다.
- 김이 오른 찜통에 손질한 가지를 얹고 소금을 조금 뿌려 잠깐 찐다. 너무 오래 찌면 죽처럼 물컹해져서 무치기 힘들다.
- 찐 가지가 식으면 손으로 굵직하게 찢고 물기를 꼭 짠다.
- 물기를 짠 가지에 간장과 다진 파·마늘, 잘게 썬 붉은 고추를 넣어 조물조물 무친 다음 소금으로 간을 맞춘다.
- 마지막에 깨소금과 참기름을 넣고 가볍게 무쳐 고소한 맛을 더한다.

제7장
면역력을 강화하는
화이트 푸드

01. 화이트 푸드란 무엇인가?

화이트 푸드(White Food)라 불리는 흰색의 과일과 채소에는 안토크산틴이라 불리는 파이토케미컬을 가지고 있으며, 주요 기능으로 콜레스테롤과 혈압을 낮춰주며 심장질환에 효과가 있다. 그리고 흰색을 만드는 안토크산틴 색소는 체내 산화작용을 억제하며 유해 물질을 몸 밖으로 배출시키고 균과 바이러스에 대한 저항력을 길러주어 암을 예방하고 저항력 향상 효과가 있다.

안토크산틴은 구조에 따라 여러 성분으로 분류되는데 그중 이소플라본은 여성호르몬인 에스트로겐 효과를 내기 때문에 중년기 여성이 섭취하면 폐경기의 초기 증상을 완화시킬 수 있다. 이 외에 동맥경화, 고혈압, 노화 방지에도 효과적이다. 면역력을 강화시키는 흰색 식품에는 마늘, 양파, 무, 배, 더덕, 버섯, 도라지가 있다. 이처럼 화이트 푸드는 뿌리 식품에 많다.

01. 항암 기능이 강한 마늘

　마늘은 부추속의 여러해살이풀로 원산지는 역사 기록에 의하면 중앙아시아와 이집트로 추정하고 있다. 그래서 중앙아시아를 중심으로 가까이에 위치해 있던 아시아 쪽으로는 인도·중국·한국·아프리카 각지에 전파되었다. 유럽 쪽으로는 지중해 연안에 주로 전파되었다. 중국에 전파된 것은 BC 2세기경으로 지금의 이란으로부터 도입되었다고 하며 우리는 중국으로부터 유입된 것으로 보인다.

　요리에서 향신료 역할을 담당하는 채소로, 주로 양념에 쓰인다. 향신료이면서도 동시에 채소이기 때문에 향신채, 향신채소로도 불리고, 불교에서는 오신채 중 하나로 꼽는다. 마늘은 미국 국립암연구소(NCI)가 뽑은 항암식품 중 하나로 꼽힐 만큼 항산화 효과가 좋은 식품이다. 이는 마늘에 들어있는 유화 알릴 성분 때문인데, 마늘의 매운 향과 자극적인 맛을 준다.

1) 마늘의 신화

마늘에 관한 효능은 한 마디로 신기하다. 마늘은 우리의 오랜 역사와 함께하고 있다.

우리나라에서의 재배 기원이나 도입 시기에 대해서는 명확하지 않으나 삼국유사에도 나올 뿐만 아니라, 삼국사기에 기록이 있는 것으로 보아 마늘의 이용과 재배역사가 매우 오래되었다는 것을 알 수 있다. 특히 마늘의 역사 기록 중 우리나라에서 빼놓을 수 없는 것은 단군신화인데 이는 사람이 되고 싶은 곰이 마늘과 쑥을 먹고 여자가 되어 하늘의 아들인 환웅과 결혼하여 시조 단군을 낳았다는 신화이다. 이처럼 신화에 등장할 만큼 우리 민족에게 마늘은 오래전부터 친숙한 식품임을 알 수 있으며 마늘의 신비성과 함께 기본적이고 중요한 약용식물로 활용되어 왔음을 알 수 있다.

기원전 4세기경 마케도니아 왕국의 필립포스 2세의 아들로 태어난 알렉산더 대왕은 BC 334년부터 동방 원정을 시작하여 아케메네스 왕조 페르시아 제국을 멸망시키고 중앙아시아와 인도 북서부에 이르는 광대한 세계제국을 건설하였다. 본국에서 멀리 떨어져서 오랫동안 전투를 치르는 군사들의 강인한 정신과 스테미너 보강을 위해 병사들에게 마늘을 먹였다.

페스트는 14세기에 중앙아시아로부터 유럽 전역을 휩쓴 전염병으로, 당시 유럽 전체 인구의 ¼에 해당하는 2,500만 명이 피부색이 흑자색으로 변하며 죽는 흑사병(黑死病)으로 불렸다. 이러한 페스트 전염병의 치료약으로 18세기부터 마늘의 알리신이라는 휘발성 물질이 사용되기도 하였다. 이외에도 제1차 세계대전 중에 영국군에서는 부상병들의 상처와 화농의 치료약으로 마늘을 사용했다. 마늘은 싸움터에서는 힘을 쓰기 위해, 전염병에는 치료제로, 그리스의 경기자들은 스테미나를 높이기 위해서 애용되었다.

현대에 와서는 영국의 BBC 방송에서는 마늘이 감기를 예방할 뿐 아니라 감기의 회복을 촉진시키는 데 특효가 있다는 사실이 확인됨으로써 감기 예방과 치료에 획기적인 전기가 이루어질 것으로 전망된다고 보도하였다. 미국 국립암연구소(NCI)에서는 마늘을 많이 먹는 지역 주민들은 위암 발생률이 낮다는 역학조사 결과를 발표하여 주목을 받았다. 미국 바스틸 대학 연구원도 시험관내에서 마늘 추출물이 헬리코박터 필로리균을 죽이는 힘이 있다는 것을 실증적으로 확인했다.

2) 마늘의 성장

마늘은 지역이나 품종에 따라 파종시기가 다르다. 난지형 마늘을 많이 심는 남부지방에서의 파종 시기는 9월 20일 경~10월 10일까지이며, 한지형 마늘을 심는 중부지방에서는 10월 초~10월 중순에 많이 심는다.

씨마늘을 구입해서 파종하는 게 좋은데, 다른 작물과는 다르게 마늘은 지역 특성을 많이 타기 때문에 인터넷으로 주문하기보다는 지역에 있는 종묘사나 재래시장에 씨마늘을 구입하는 것이 좋다.

중부지방에서 심는 한지형 마늘 수확시기는 6월 1일부터 캐기 시작해서 6월 말에 마무리하며, 남부지방에서 심는 난지형 마늘의 수확시기는 5월부터다. 마늘의 수확 적기는 줄기가 마르고 누렇게 변하는 시기다. 수확을 너무 늦추면 장마와 겹칠 수 있고 비로 인해 줄기와 알이 썩을 수 있다.

3) 마늘의 성분

마늘은 63%가 수분으로 이루어져 있으며, 섬유질, 비타민 B, 비타민 C, 칼슘, 철, 알리신 등 다양한 영양소가 함유되어 있다. 이 중 알리신은 강한 살균과 항균 작용, 항산화 작용을 하며, 콜레스테롤을 감소시키고 심장 건강에 도움을 주어 동맥경화와 심장질환을 예방하는 것으로 알려져 있다.

〈표-7-1〉 마늘의 성분

영양분	함량	영양분	함량
에너지(kcal)	120	철(mg)	1.0
수 분(g)	64	나트륨(mg)	5
단백질(g)	9.2	칼륨(mg)	652
지 질(g)	0.2	비타민 A(R.E)	1
당 질(g)	24.2	베타카로틴(ul)	3
섬유질(g)	0.8	비타민 B_1(mg)	0.2
회 분(g)	1.6	비타민 B_2(mg)	0.1
칼 슘(mg)	14	나이아신(mg)	0.5
인(g)	199	비타민 C(mg)	9

4) 마늘의 효능

마늘의 위대한 효능은 마늘에서 가장 중요한 성분인 알리신(allicin)과 알리인(allin)이 있기 때문이다. 알리신은 알리인과 효소 알리나제(allinase)의 결합에 의하여 생성되는데, 여러 물질과 용이하게 결합하는 성질을 가지고 있으며 특히 체내에서는 지방, 당, 단백질과 결합하여 새로운 물질이 되어 인체에 여러 가지로 유익하게 작용한다. 따라서 마늘이 다양한 질환에 효능이 있는 것은 주로 알리신의 특성에 의한 것이라 할 수 있다.

특히 알리신 1mg은 페니실린 15단위 상당의 살균효과를 가지고 있으며, 소독액 석탄산보다는 1.5배 이상 강력한 효과를 보유하고 있다. 그리고 알리신은 피를 엉기지 않게 하는 항혈전 작용과 혈관 내의 섬유소 용해 작용을 도와주기 때문에 혈전이나, 뇌졸중 위험을 감소시켜주기도 한다.

이외에도 알리신은 인체의 신경에 작용하여 신경 세포의 흥분을 진정시키는 작용을 하며 체내에서 비타민 B_1과 결합하여 비타민 B_1의 분해를 방지하고 신진대사를 촉진함으로써 "마늘을 먹으면 힘이 솟는다."라는 이론을 뒷받침하고 있다.

5) 마늘 먹는 방법

마늘의 알리신은 열에 약하기 때문에 섭씨 60℃만 넘게 되면 제대로 기능을 발휘하지 못한다. 따라서 마늘을 익히거나 구우면 생으로 먹는 것보다 영양분이 파괴되고 강장효과가 떨어진다. 그러나 너무 매운 것을 생으로 먹으면 마늘의 매운맛이 독이 될 수도 있기 때문에 굽거나 익혀 먹는 것도 좋은 방법이다. 익은 마늘에는 영양분의 변화로 인하여 일부 효과는 줄어들지만 구운 마늘이 효과가 없다고는 할 수 없다.

우리 음식에서는 마늘을 양념으로 먹기 때문에 모르는 사이에 적당히 섭취하고 있는 셈이지만 그래도 섭취량을 늘리고 싶다면 되도록 가열하지 않고 먹는 것이 좋다. 마늘을 가열하지 않고 먹는 방법은 마늘을 꿀과 같이 으깨어 만든 것을 매일 먹어도 좋고 식초, 소금물에 담가 장아찌를 만들어 먹어도 식욕을 돋워주고 위장의 소화 기능을 증진해 주며 소주에 마늘을 넣어서 마늘주를 만들어 먹는 것도 좋은 방법이다.

생마늘을 기준으로 한 번에 먹는 분량이 2, 3톨 정도면 족하고 그 이상 먹으면 오히려 자극성 때문에 좋지 않다. 굽거나 익힌 마늘은 4개 정도 먹는 것이 좋다.

마늘이 좋기는 한데 마늘 속에는 세포막을 사이에 두고 알리인과 알리나제라는 효소가 들어있어 마늘을 먹게 되면 이 세포막이 파괴되고 알리인은 분해되어 알리신이 되어 독특한 악취를 풍기게 된다. 따라서 마늘을 먹으면 본인은 물론 주위의 사람들에게 좋지 않은 냄새를 풍기게 되는 것을 두려워해 마늘을 먹는 것을 자제하는 사람들이 많다.

마늘의 냄새를 없애는 방법은 마늘을 구워 먹거나 식초에 담가 먹는다. 마늘을 구우면 알리신 성분이 날아가 냄새가 상당히 줄어든다. 그리고 마늘 냄새를 내는 효소는 산에 의해 파괴되어 버리기 때문에 식초에 오래 담가두고 먹는 것도 좋다.

6) 마늘 냄새 제거하는 방법

사람들이 마늘을 꺼리는 이유는 바로 냄새 때문이다. 특히 데이트나 사업상 중요한 사람을 만날 때 입에서 나는 마늘 냄새는 분명 좋은 인상을 주지 못한다. 다음과 같은 방법을 쓰면 어느 정도 제거된다.

- 마늘을 먹은 후 녹차 잎을 씹으면 효과적이다. 녹차 안의 후라보노이드가 마늘 냄새를 흡수해 준다. 이와 같은 의미로 후라보노이드 껌을 씹는 것이 좋다.
- 파슬리 잎을 씹으면 신기하리만큼 마늘 냄새가 사라진다.
- 우유를 마시면 냄새가 많이 줄어드는데 이는 우유 성분의 아미노산이 마늘 냄새의 성분인 아닐린과 결합하기 때문이다.

- 김을 한 장 먹으면 마늘 냄새가 사라진다.
- 커피 원두 5~6알을 입안에서 잘근잘근 씹으면 원두 성분이 마늘 냄새와 결합되어 냄새가 없어진다.
- 땅콩을 씹어 먹어도 좋다.
- 단백질이 마늘 냄새와 잘 결합하는 것을 이용, 치즈, 계란, 소시지 등을 함께 먹어도 좋다.
- 껌을 씹으면 침의 분비가 증가해 침 안의 단백질이 마늘냄새 성분과 결합하여 위장으로 넘어가 냄새를 제거하는 효과가 있다.

7) 마늘 조림

① 재료

마늘 40알, 식용유 2T

[양념]

물 3T, 간장 3T, 꿀 1½T, 참기름 ½T, 통깨 약간

② 만드는 방법

- 마늘은 밑둥 부분을 칼로 잘라고 먹기 좋은 크기로 자른다.
- 프라이팬에 식용유 2T 정도 둘러주고 마늘 겉면이 노릇노릇해질 정도로 볶아준다.
- 마늘 겉면이 노릇하게 변하면 참기름을 제외한 나머지 분량의 양념을 넣어준다.
- 물 3T, 간장 3T, 꿀 1½T를 넣어 마늘에 색이 들 정도로 졸여준다.
- 양념이 졸아들 때 참기름 ½T를 넣는다.
- 마지막으로 통깨 톡톡 뿌려 준다.

03. 식탁 위의 불로초 양파

　양파(洋-, onion)는 수선화과의 부추속에 속한 식물이다. 원산지는 서아시아 또는 지중해 연안이라고 추측되고, 재배 역사는 5천 년 이상 되었다.

　양파라는 이름은 서양에서 들어온 파라는 뜻으로 양(洋)파라고 하지만, 북한에서는 비늘줄기의 둥근 특징에 따라 '둥글파'라고 부르며 옛말로는 옥파라고도 한다. 양파는 맛에서 알 수 있듯이 파와 비슷한 종으로 오랫동안 보관하면 위에서 파 줄기가 자라기도 한다. 영어 단어 'onion'(어니언)은 노르만어 'union'에서 유래했으며, 프랑스어 'oignon'(오뇽)과 어원이 같다.

　양파의 효능은 수십여 가지에 달할 정도로 많아 식탁 위의 불로초라고 불리고, 고대에는 운동 선수들이 체력 보강을 위해 양파즙을 먹었다고 한다. 양파는 우리 음식의 대표적인 양념 채소 중 하나로 양파가 들어가지 않는 음식이 드물다고 할 정도로 우리나라 음식에서는 필수적인 식재료로 널리 사용된다.

1) 양파의 특징

양파는 모양에 따라서는 둥근 것과 납작하고 둥근 것이 있으며, 출하 시기별로는 조생종, 중생종, 만생종이 있으며, 껍질 색깔별로는 황색 양파, 흰색 양파, 자색 양파가 있지만 맛과 영양에는 차이가 없다.

양파가 뿌리인 줄 아는 사람들이 많지만, 양파는 껍질이 겹겹이 쌓여있는 비늘줄기 부분이다. 사람이 먹는 부분은 발달된 뿌리의 비늘줄기이며, 줄기는 파와 같아서 식용으로 사용하기도 한다. 양파는 싹과 뿌리가 없고 중심이 단단하며 껍질에 광택이 도는 적황색을 띠어야 품질이 좋다.

생양파가 성숙하면 포도당의 양이 증가해서 단맛이 강해진다. 그러나 양파에는 특유의 매운맛과 향이 있기 때문에, 양파를 기피하는 사람들도 있다.

양파를 익히면 단맛이 더 강해지는데, 매운맛 성분인 프로필 알릴 다이설파이드, 알릴 설파이드가 열을 받으면 대부분이 기화되고 나머지는 분해되어 설탕 단맛의 50~60배를 내는 프로필메르캅탄을 형성하기 때문이다. 그러나 자극적이고 강한 단맛은 나지 않고, 양파 특유의 향과 어우러지는 은은한 단맛을 느낄 수 있다. 이 단맛이 대부분 요리와 어색함 없이 어우러진다. 특히 고기 요리를 할 때 함께 넣어 푹 익혀주면 맛과 영양소를 동시에 얻을 수 있다.

2) 양파의 성장

양파 재배는 지역에 따라 많은 편차가 있기 때문에 지역의 특성을 감안해서 파종 및 아주심기를 해야 한다. 양파는 8~9월에 모판에 파종하여 10월에 어린 모종을 밭에 심는다.

양파는 겨울의 기온이 −5℃ 이하로 자주 내려가는 지역에서는 10월 상순에 아주심기를 해서 추위가 오기 전에 뿌리가 성장할 시간을 주어야 한다. 양파는 10개월에 육박하는 긴 기간 밭에서 자라는 채소다. 다음 해의 6월 중순 이후로 양파를 수확하는데 줄기가 쓰러지는 포기를 뽑아 이용한다. 그러다 전체 줄기의 60~70%가 쓰러지면 한꺼번에 뽑아 수확한다.

3) 양파의 성분

양파의 성분은 수분이 90%이고, 탄수화물이 많으며 단백질, 비타민, 무기질 중에는 칼슘, 인, 철분, 그리고 황이 함유되어 있다. 양파의 칼슘 함유량은 100g당 23mg으로 시금치(55mg), 당근(33mg) 양배추(40mg) 등 다른 채소에 비해 딱히 많지는 않다.

〈표-7-2〉 양파의 성분

영양분	함량	영양분	함량
에너지(kcal)	64	철(mg)	0.3
수 분(g)	90	인(g)	46
단백질(g)	1	칼륨(mg)	141
지 질(g)	0	비타민 B_1(mg)	0.04
당 질(g)	7	비타민 B_2(mg)	0.01
섬유질(g)	2	비타민 E(mg)	0.13
엽 산(g)	22	비타민 B_6(mg)	0.21
칼 슘(mg)	23	비타민 C(mg)	20

4) 양파의 효능

양파는 혈당, 혈압, 콜레스테롤을 낮추는 효과가 있으며 혈관에 있는 기름과 뱃살을 빼는 데 도움이 되는 것으로 알려져 있다. 즉 지방분해 효과도 있어서 다이어트 식품으로도 각광받고 있다.

양파는 고혈압을 예방하고, 황화 아릴 성분이 체내에 들어가면 알리신으로 변하기 때문에 신진대사를 촉진하여 혈액순환이 좋아져 위장기능을 좋게 한다. 그리고 혈액 속 콜레스테롤을 저하시켜 심장병 같은 성인병 예방 효과도 있으며, 피로 해소에도 좋은 강장식품이다.

양파에 들어있는 알리신이라는 성분은 정력에 좋다고 한다. 껍질 쪽에 영양소가 많이 들었는데 특히 퀘르세틴은 속보다 60배나 들었다. 양파 껍질이란 결국 양파의 바깥쪽 알맹이 한두 겹이 건조돼서 형성되는 것이기 때문에 부피 대비 영양소가 많다. 다만 먹기엔 아무래도 불편하니 껍질만 따로 씻어서 말려 차로 끓여 먹으면 감기를 예방하는 데 좋다. 양파 껍질은 양파 향이 많이 나긴 하지만 특유의 양파 매운맛은 거의 느껴지지 않는다.

양파는 칼륨이 많이 함유되어서 신장이 약하거나 신장 질환이 있는 사람은 섭취에 주의해야 한다. 너무 많이 먹으면 속이 쓰릴 수 있으므로 적당히 먹어야 한다.

5) 양파 먹는 방법

양파는 뿌리 가까이 있는 뭉친 부분과 잎이 난 주변은 쓴맛이 나기 때문에 쓴 맛이 싫으면 제거하고 먹는 것이 좋다. 양파를 샐러드로서 생식할 때는 매운맛이 적고 색깔이 아름다운 적색 계통의 양파를 주로 사용한다. 양파의 달고 아삭한 맛을 위해서는 너무 적게 익혀도 안 되고 너무 많이 익혀도 안 되니 적당히 조리해야 한다. 또한 양파의 단맛이 오히려 국물 맛을 해치기도 한다. 그래서 다시 국물을 내는 데는 양파 대신 무를 쓴다. 하얀 양파는 비교적 매운맛이 많이 나며, 붉은 양파는 단맛이 무척 강한 편고 매운맛이 적어서 생으로 먹기에 좋다.

양파는 볶기, 데치기, 삶기, 오븐 구이, 다져서 소스/양념장에 넣기 등 다양한 조리법이 가능한데다 양파가 들어가면 요리의 풍미가 크게 달라진다. 특히 고기와 생선요리에는 거의 빠지지 않는데, 매운 향이 누린내와 비린내를 잡아주면서 풍미를 느끼게 한다.

  고기를 재울 때도 양파를 쓸 수 있다. 썬 양파를 고기의 아래위로 수북히 깔고 하루 정도 재우거나, 생양파를 갈고 고기를 생양파 간 것에 담가서 재우는 식이다. 고기 재울 때 과일과 양파를 양념에 섞어서 쓸 수도 있다.

6) 양파 피클

① 재료
양파 2개 180g, 당근 ⅕개, 레몬 슬라이스 두 조각, 병 1ℓ 짜리

[배합초]
물 1ℓ, 꽃소금 3T, 식초 1컵(180㎖), 설탕 ⅔컵(150㎖), 피클링 스파이스 1T

② 만드는 방법

- 양파는 한입 크기로 썰어주고 붙어 있는 부분을 떼어준다.
- 레몬은 베이킹소다로 겉면을 잘 문질러서 세척하고 슬라이스한 뒤 씨를 제거한다.
- 병은 열탕 소독한다.
- 냄비에 물 1ℓ, 꽃소금 3T, 설탕 ⅔컵 150㎖, 식초 1컵 180㎖를 넣고 끓인다.
- 배합초가 끓기 시작하면 바로 불을 끈다.
- 식초의 신맛을 좋아하면 식초는 끓고 나서 마무리에 넣어준다.
- 통후추를 넣어준다.
- 피클링 스파이스는 마무리에 불을 끄는 시점에 1T 넣어주고 30초 후 불을 끈다.
- 양파와 레몬을 병에 넣고 뜨거운 배합초를 부어준다.

04. 소화를 돕는 무

무는 쌍떡잎식물 십자화목 배추과로 한해살이풀 또는 두해살이풀이다. 무는 뿌리채소로 세계 곳곳에서 재배된다. 원산지는 지중해 연안으로, 로마 시대부터 지중해에 자생하는 야생무를 재배해서 먹었으며, 실크로드를 통하여 중국에 전래되었다.

1) 무의 특징

우리나라는 중국에서 전래되어 삼국시대에 재배되기 시작했으며, 고려 시대에는 중요한 채소로 여겨졌다. 우라나라의 무는 중국을 통하여 들어온 재래종과 중국에서 일본을 거쳐 들어온 일본무 계통이 주종을 이룬다. 중국에서 들어온 무는 자연스럽게 기후와 풍토에 맞게 개량되어 조선(朝鮮)무가 되었다. 지역에 따라서는 무수·무시라고도 부르며, 한자어로는 나복(蘿蔔)이라고 한다. 무우는 비표준어이다. 무는 다 자라면 크기는 20~100㎝에 달한다.

동아시아에서는 아메리카나 유럽 등지에서 재배되는 무와는 달리 상대적으로 크고 흰색 빛깔을 지닌 무가 재배된다. 한국에서 무는 한국 채소 중 재배 면적이 가장 넓으며, 대표적인 채소라고 할 수 있다.

2) 무의 종류

무는 크기와 색상에 따라 여러 종류로 나뉘어 있고, 품종에 따라 어느 계절에나 재배할 수 있다. 뿌리는 원형·원통형·세장형 등 여러 종류가 있고 뿌리의 빛깔도 흰색·검정색·붉은색 등 다양하다.

동양무로도 불리는 흰무는 크게 조선무, 중국무, 일본무 3가지 계통이 있으며, 무의 종류는 다음과 같이 나눌 수 있다.

무라고 하면 보통 조선무를 말하며 둥글고 단단하며 윗부분이 푸른 무로,

주로 깍두기나 김치용으로 재배한다.

왜무는 일본무라고도 부르며, 조선무보다 수분이 많으며 몸이 희고 길어 주로 단무지를 만든다.

열무는 어린 무로 재배 기간이 짧아서 1년에 여러 번 재배할 수 있다. 주로 김치를 담가 먹으며, 물냉면이나 비빔밥의 재료로도 사용된다.

총각무는 알타리무라고도 부르며, 뿌리가 잔 무로, 무청째로 김치를 담그는 총각김치로 사용된다.

게걸무는 일반 무보다 수분함량이 적어 더 단단하며, 매운맛도 더 강하다.

순무는 주로 강화도에서 생산되며, 이름과 달리 무와는 다른 속의 식물로, 엄밀히 따지면 무보다는 배추와 더 가깝다. 밑둥이 짧으며, 단맛이 나는 특징이 있어 김치에 넣거나 깍두기로 사용한다.

2) 무의 재배

무는 촉촉한 땅에 씨앗을 파종하고, 마른 땅인 경우 씨뿌리기 전에 물을 충분히 뿌려 주는 것이 좋다. 중부와 북부지역에서 8월 중순 이후 심는 무는 습지에 약하며, 김장무가 한창 자랄 때는 9월 가을장마가 들기 때문에 조심해야 한다. 싹이 자라기 좋은 온도는 15~34℃이며 40℃ 정도에서는 발아하지 못한다.

물에 잠기거나 물 빠짐이 좋지 않으면 짧게 자라고 곁다리가 많이 생겨 무 표면이 거칠어지게 된다. 따라서 무를 심는 이랑은 두둑을 약간 높게 해주어 물 빠짐이 잘되도록 해야 한다.

3) 무의 성분

무는 니코틴과 독소 배출에도 좋고 비타민도 많이 들어있다. 비타민 C의 함량이 20~25㎎이나 되어 예로부터 겨울철 비타민 공급원으로 중요한 역할을 해왔다. 그래서 생으로 먹는 것이 가장 좋다. 또한 수분 함량이 무려 95.3%나 되어 다이어트에도 많이 애용된다. 그리고 단백질 0.68%, 지방 0.1%, 탄수화물 3.4%, 섬유질 0.16%가 들어 있다.

〈표-7-3〉 무의 성분

영양분	함량	영양분	함량
단백질(g)	0.68	철(㎎)	0.4
지질(g)	0.1	칼륨(㎎)	233
당(g)	1.86	나트륨(㎎)	2
섬유질(g)	0.16	칼슘(㎎)	255

마그네슘(g)	0.10	인(g)	37
탄수화물	3.4	비타민 B_1(mg)	0.012
비타민 B_2(mg)	0.039	나이아신(mg)	0.254
비타민 C(mg)	14.8	칼로리	16

4) 무의 효능

무는 예로부터 '겨울 무는 인삼보다 낫다'라는 말이 있다. 동의보감에도 무가 '소화를 돕고, 기를 내리며, 담을 삭이고, 독을 풀어 준다'고 되어 있다.

무에는 탄수화물을 소화시키는 효소인 디아스타아제가 많아 소화기류 질병에도 효과가 좋은 편이라 무가 천연 소화제라 불릴 만큼 소화를 시키는 데 도움을 주는 식품이다. 특히 소화제가 없었던 과거에는 체 증상이 심하면 무를 먹기도 하며, 체했을 때 동치미 국물이 효과가 있다.

또 무에는 비타민 C가 풍부해 신장을 청소하는 기능이 있어 신장 기능 개선, 가래 제거와 기침에도 효과가 있다. 그리고 주근깨를 방지할 수 있으며 미백 효과는 물론 항산화 작용을 하기 때문에 노화를 방지하는 효능이 있다.

무는 수분이 많고 베타인이란 성분이 풍부하게 함유되어 있어 베타인은 간을 보호하고 숙취를 해소하는 작용을 한다. 무의 매운맛 성분에 들어 있는 이소티오시아네이트에 항암 효과가 있음이 밝혀졌다. 이 매운맛에는 염증을 없애는 효과가 있어 타박상이나 염증 부위에 무즙을 발라주면 좋다.

5) 무 먹는 방법

우리가 주로 먹는 하얀 부분은 뿌리이지만, 줄기와 잎도 무청이라고 해서 즐겨 먹는다. 무청을 말려서 먹는 것을 시래기라고 한다. 열무의 경우는 무와 무청 둘 다 먹을 목적으로 재배된다. 무씨를 물에 불려 싹을 틔운 무순도 먹는다. 무를 작고 얇게 썰어서 말려서 꼬들꼬들한 식감이 특징인 무말랭이로 만들어 먹기도 한다.

무는 깍두기 등의 음식 재료로 많이 쓰이며 특히 깔끔하고 시원한 국물을 낼 때 쓰이며, 동시에 다른 재료에서 우러나온 맛이나 양념 맛이 잘 배어드는 특징도 있어서 맛을 배가시켜 준다.

무는 익히지 않으면 아삭하고 오독거리는 식감이지만, 익히면 부드러워진다. 무는 특유의 단맛도 있어 국물 들어가는 요리에는 어지간하면 다 잘 어울린다. 국물이 자작한 요리 등에선 물을 붓는 대신 무를 깔고 약불로 뭉근하게 무의 수분을 내어 쓰는 조리법으로 깊은 맛을 내기도 한다.

특히 어묵이나 생선조림에서는 달고 고소하고 식감이 부드러워서 필수적으로 사용한다. 채 썬 무를 넣어 밥을 지으면 밥알이 무의 맛을 그대로 흡수하기 때문에 무밥을 잘 지으면 밥맛이 아주 달다.

6) 깍두기

① 재료
무(중간크기) 5개, 굵은 소금 1컵, 설탕 ⅔컵

[밀가루 풀]
물 2컵, 밀가루 2T

[김치 양념]
새우젓 3T, 생강 1T, 다진 마늘 1컵, 액젓 ½컵, 고춧가루 ⅔컵, 소금 4T

② 만드는 방법

- 무는 흐르는 물에 껍질째 사용하기 때문에 껍질까지 깨끗하게 씻어 준다.
- 무를 적당한 크기로 썰어준다.
- 썬 무를 볼에 담고 굵은 소금 1컵, 설탕은 ⅔컵을 뿌려 주고 잘 섞이도록 버무려준다.
- 20분 동안 재워둔다.
- 물 2컵, 밀가루 2T를 넣고, 밀가루를 잘 풀어서 끓여 준다.
- 다 끓인 밀가루풀은 차갑게 식혀준다. 밀가루 풀은 깍두기가 숙성되는 데 도움을 준다.
- 새우젓 3T, 생강 1T, 다진 마늘 1컵, 액젓 ½컵을 준비하고 믹서에 갈아준다.
- 소금에 절여 놓았던 깍두기는 흐르는 물에 2번 정도 헹구어 물기를 빼준다.
- 갈은 양념을 절였던 무 위에 뿌려 준다.
- 소금 4T, 고춧가루 ⅔컵도 넣어준다.
- 쪽파를 깍두기 크기만큼 썰어 넣어준다.
- 밀가루풀을 2컵 넣고 버무려준다.
- 잘 버무려진 깍두기는 통에 잘 담아서 꾹꾹 눌러서 공기를 빼준다.

제8장
생명을 살리는 식단

01. 고혈압을 예방하는 DASH식단

혈관에 이상이 생기면 고혈압과 뇌동맥 경화증, 당뇨병 등이 생긴다. 더욱이 혈관성 치매는 뇌에 피를 공급하는 뇌혈관들이 막히거나 좁아진 것이 원인이 되어 나타나거나, 뇌 안으로 흐르는 혈액의 양이 줄거나 막혀 발생하게 된다.

혈관의 노화는 뇌와 몸 전체에 피를 공급하는 혈관들이 막히거나 좁아지게 하여 사지가 마비되거나 혈관성 치매의 주원인이 된다. 노화의 주범인 활성산소도 뇌세포 노화와 혈관 노화의 원인이 된다. 따라서 혈관을 튼튼하게 하고, 그 혈관을 통해 신선한 혈액을 공급하고, 뇌를 혹사시키지 않는 범위 내에서 최대한 많이 사용하는 것이 좋다.

1) 고혈압 식단

고혈압을 예방하기 위해서 미국에서 연구된 고혈압 환자에게 권장하는 고혈압 식단(DASH; Dietary Approaches to Stop Hypertension)이 있다. 고혈압 식단(DASH)은 혈압을 낮추기 위한 식사요법이며, 지방, 콜레스테롤, 단 것을 줄이고, 채소, 과일, 저지방 유제품을 주로 섭취하는 것이 주요 내용이다. DASH 식단은 저염, 저지방, 저당이 기본이다.

2) 노화의 원인

혈관의 노화를 늦추는 식단의 핵심은 동맥경화를 예방하고, 뇌세포에 충분한 영양을 공급하고, 나쁜 활성산소의 생성을 줄이고 제거하는 데에 있다. 뇌의 노화의 원인을 보면 다음과 같다.

- 과식이나 육류의 과다 섭취는 비만, 고혈당, 고지혈증, 고혈압 등과 함께 동맥경화를 일으키고 피를 진하게 하여 뇌경색을 일으키는 원인이 된다.
- 과다한 염분 섭취는 고혈압을 악화시키고 동맥경화를 가속화시켜 뇌에 나쁜 영향을 준다.
- 육류의 기름에는 포화지방산과 콜레스테롤이 다량 함유되어 있어 작은 혈관을 좁게 하거나 막히게 하여 치매를 유발하게 된다.
- 활성산소는 불안정하여 다른 물질에 산화작용을 일으키고 신진대사를 방해하여 결국 세포가 활력을 잃고 노화를 촉진시키는데, 뇌에도 나쁜 영향을 준다.

3) 고혈압을 예방하는 식단

고혈압을 예방하기 위해서는 혈관을 건강하게 하고 신선한 혈액을 공급해야 하는데 이를 위해서는 다음과 같이 식사를 해야 한다.

- 육식보다는 채식을 주로 섭취해야 한다.
- 몸에 좋은 오메가3나 올리브 오일을 먹는 것이 좋다.
- 모든 음식에서 염분을 줄여서 음식을 덜 짜게 먹어야 한다.
- 활성산소를 없애주는 비타민 E·비타민 C·폴리페놀 등의 항산화물질이 많이 들어 있는 채소나 과일을 섭취해야 한다.
- 비타민 E는 혈액 응고를 억제하고 혈액순환을 개선하며, 콜레스테롤의 산화를 막아 심혈관 질환을 예방한다. 비타민 E가 풍부한 음식으로는 땅콩, 아몬드, 잣, 해바라기 씨앗, 콩, 우유, 꽁치, 뱀장어가 있다.

- 비타민 B$_2$는 지질 대사에 관여하며 혈중 지질 과산화물을 감소 시키는 효과가 있다. 지질 과산화물은 동맥경화를 일으킬 수 있 으며 노화의 주요 원인 중 하나다. 우유, 요구르트, 치즈에 비타 민 B$_2$가 풍부하다.
- 비타민 B$_6$, 비타민 B$_{12}$, 비타민 B$_9$으로 불리는 엽산은 혈관 내벽을 손상시켜 심혈관 질환의 위험요인으로 알려진 호모시스테인을 감 소시킨다. 엽산이 풍부한 음식에는 시금치, 콩, 브로콜리, 바나나, 오렌지 및 아보카도와 같은 과일과 같은 채소가 포함된다.
- 셀레늄은 좋은 HDL(고밀도 콜레스테롤)을 높이고 나쁜 LDL(저 밀도 콜레스테롤)을 낮추고 혈액 응고를 방지하여 심혈관 질환 을 예방하는 데 효과적인 항산화 광물이다.
- 리코펜은 비타민처럼 작용하며 특히 토마토에서 혈관 노화를 방 지할 수 있는 강력한 항산화제이다.

02. 무병장수를 위한 지중해 식단

지중해식 식단은 지중해 연안 국가 중에서도 올리브가 재배되었던 크레타 섬 및 대부분의 그리스와 남부 이탈리아에서 1960년대에 행해졌던 식사 식단을 말한다. 당시에는 의학 기술이 크게 발달하지 않은 시대임에도 지중해 연안 국가들에 사는 주민들은 심혈관 질환 발생률이 낮고 성인 평균 수명이 길었던 것으로 알려져 있다.

이에 대하여 미국 캘리포니아 대학이 진행한 연구에서는 지중해식 식단이 노인성 질환의 위험을 약 35% 감소시킬 수 있다는 결과를 발표하였다. 따라서 지중해식 식사를 하면 기억력과 수행 능력 등 인지기능이 크게 향상되는 효과가 있다는 것이다.

다른 연구에서는 치매의 원인인 알츠하이머 질환의 특징 중 하나가 해마의 크기가 줄어드는 것인데, 지중해식 식사를 하면 해마의 크기 감소 변화 폭을 줄여준다는 연구 결과도 있었다. 이외에도 많은 지중해식 식단에 대한 연구 결과에서는 지중해식 식사를 하면 치매 발병 위험을 낮출 수 있는 것으로 나타났다.

1) 지중해식 식단

지중해식 식단은 매일 먹어야 할 음식, 일주일에 몇 번 정도 먹는 음식, 한 달에 가끔 먹는 음식으로 나누어져 있다. 올리브 오일, 과일, 채소, 통곡물 (속겨를 벗기지 않은 곡물), 콩 등은 매일 먹고, 요구르트, 치즈, 흰색 고기, 생선, 달걀은 매주 먹는 것이다. 그리고 적당량의 레드 와인을 하루 2잔 정도

(남성 296㎖, 여성 148㎖ 이하)를 마시는 것이 좋다, 그리고 저지방 우유를 매일 즐겨 먹도록 권하고 있다. 그러나 단 음식이나 붉은 고기는 한 달에 1~2회 정도로 적게 섭취해야 한다.

지중해 식단의 특징은 지중해에서 풍부한 올리브 오일에 함유되어 있는 좋은 지방을 섭취하는 것이 핵심이다. 올리브 오일에 함유된 불포화 지방산은 혈관이 막혀 뇌 손상이 오는 것을 막아 치매 진행을 늦추기 때문이다.

엑스트라 버진 올리브 오일과 코코넛 오일

2) 지중해 식단을 적용하는 방법

예전에 비해 올리브 오일, 아보카도, 토마토 수프, 샐러드, 와인 등으로 대표되는 지중해식 식단이 보편화되어 낯설지는 않지만 아직은 맵고 짜게 먹는 식습관에 익숙해져 있고 선호하는 편이다. 그러나 건강을 위해서 올리브 오일과 같은 좋은 지방을 꾸준히 섭취하는 것이 좋다.

03. 건강을 위한 MIND 식단

가공육, 정제된 곡물, 고칼로리가 특징인 서구식 식단 등을 섭취하게 되면, 베타 아밀로이드 단백질이 뇌와 혈관에 쌓이게 되어 건강을 해치는 것으로 관련 학계에서는 발표하고 있다.

따라서 먹는 음식을 가지고 건강하게 살기 위한 노력들이 다각적으로 전개되고 있다. 그중에 주목해볼 만한 내용은 미국 콜롬비아대학 연구진이 식습관과 치매 발병과의 상관관계를 분석한 결과 오메가3 지방산과 비타민을 많이 섭취한 노인은 그렇지 않은 노인보다 치매를 겪을 위험이 40퍼센트 정도 더 낮은 것으로 나타났다.

이러한 결과를 바탕으로 미국 시카고 러쉬 대학 연구팀은 마인드(MIND, Mediterranean-DASH Intervention for Neurodegenerative Delay) 식단을 개발하여 성인들을 대상으로 지속적으로 섭취하게 한 결과 알츠하이머병 치매의 위험률이 54%나 낮은 것으로 나타났다.

마인드 식단은 지중해 식단과 고혈압 환자를 위한 대시(DASH) 식단을 합한 식단이다. 마인드 식단의 특징은 녹색 잎 채소, 견과류, 열매, 콩, 전체 곡물, 생선, 가금류, 올리브 기름, 와인 등 총 10가지 식품군을 먹는 것으로 되어 있다. 그리고 건강에 좋지 않은 붉은 육류, 버터와 마가린, 페이스트리와 단 음식, 튀긴 음식, 패스트 푸드 등은 피하도록 권고하고 있다.

1) 단백질

마인드 식단에선 단백질의 섭취가 중요하여 단백질이 풍부한 콩류를 일주일에 최소 세 번을 섭취하도록 하고 있다. 통곡물(속겨를 벗기지 않은 곡물)은 하루 3번, 생선은 주 1회, 닭고기는 일주일에 2번을 섭취한다.

2) 채소

채소는 항산화 물질이 풍부하여 항염과 항산화 효과가 있기 때문에 하루 식사에서 두 번씩 채소를 섭취하도록 하고 있다. 일반적으로 많은 종류의 채소를 섭취해도 되지만 특히 녹색 채소인 케일과 시금치를 마인드 식단에선 권하고 있다.

3) 견과류

호두, 땅콩, 잣 등의 견과류는 지방 함량이 높아 뇌 건강을 위한 필수 간식으로, 일주일에 다섯 번 섭취를 권하고 있다.

4) 베리류

블루베리, 라즈베리 등 각종 베리류는 강력한 항산화제인 안토시아닌이 풍부여 일주일에 두 번 이상 섭취하는 것을 권하고 있다. 폴리페놀의 일종인 안토시아닌은 산화 후 발생하는 활성산소 제거에 뛰어나다. 미세혈관까지 항산화 성분을 전달해 뇌혈관의 손상과 노화를 막아, 두뇌활동을 최상으로 유지시키며 알츠하이머 질환과 관련된 증상을 완화하는 데에 도움이 된다.

5) 올리브 오일

올리브 오일은 뇌에 좋은 영향을 주기 때문에 자주 먹는 것이 좋아, 모든 요리에 올리브 오일을 사용하도록 권하고 있다. 올리브 오일은 하이드록시타이로솔이라는 화학물질을 함유하여 기억력을 향상시켜 알츠하이머병의 위험을 감소시켜 주는 역할을 한다.

6) 와인

와인은 뇌 건강을 향상시켜 주는 것으로 하루 한 잔 정도 섭취하는 것이 좋다. 포도에 풍부한 레스베라트롤 성분이 뇌조직의 노화를 늦추는 역할을 한다.

04. 노년기의 건강 유지를 위한 식사법

노년기의 건강을 유지하거나, 노화를 방지하기 위해서는 식단만큼이나 식사법도 중요하다. 건강을 유지하거나, 노화를 방지하기 위한 식사법을 보면 다음과 같다.

❶ 치매를 예방하기 위해서는 하루에 3끼의 식사를 꾸준히 해야 한다. 밥을 몰아서 먹거나 불규칙한 식사를 하게 되면 혈중 혈당의 불안정과 저혈당에 의한 뇌세포 스트레스 유발과 인슐린 분비 증가로 고지혈증을 일으키게 된다. 특히 저혈당이 오래 지속되거나 비타민 B가 부족해지면 심각한 뇌손상의 원인이 되어 치매에 걸리거나 빨리 악화될 수 있다.

❷ 국과 찌개는 되도록 소금의 양을 줄여서 심심하게 먹어야 한다. 소금은 혈압을 상승하게 하는 요인이 되어 뇌혈관에 무리를 주게 되므로 치매에 걸리게 될 수 있으므로 주의해야 한다.

❸ 음식은 되도록 씹어 먹는 활동을 많이 해서 먹어야 한다. 음식물을 씹는 활동은 몸에서 소화를 쉽게 하기 위해서 흡수할 수 있는 작은 단위로 분해하는 역할을 한다. 뿐만 아니라 치아는 뇌신경과 연결되어 씹을수록 뇌신경을 자극하여 인지기능 향상을 돕고 뇌혈류를 증가시킨다. 따라서 천천히 꼭꼭 잘 씹는 것이 치매 예방에 도움이 된다.

실제로 치아 상태가 악화되어 저작 운동이 줄어드는 노인의 경우 치매 발병 확률이 높아진다. 따라서 틀니나 임플란트를 한 노인이라도 위아래로 씹는 것은 가능하기 때문에 되도록, 위아래로 가볍게 씹는 활동을 많이 할 수 있는 요리를 하는 것이 좋다.

저작이 어려운 노인들을 위해서는 죽을 제공하고, 반찬은 다지거나 갈아서 먹기 좋은 형태로 제공하는 것이 좋다.

❹ 식사의 양은 성인에 비해서 운동량이 적기 때문에 70~80% 정도만 하는 것이 좋다. 식사 양이 많아지게 되면 비만하게 되며, 비만은 각종 성인병을 가져올 수 있다.

❺ 목이 마르지 않아도 물은 자주 먹는 것이 좋다. 물은 체내에서 영양소의 소화 흡수를 촉진하고 몸에 쌓이는 찌꺼기를 몸 밖으로 배출하는 역할을 한다. 또한 몸의 모든 기능을 정상화시키는 일을 하기 때문에 매우 중요하지만, 물은 언제든 마실 수 있다는 생각에 소홀해져서 우리 몸에 필요한 수분이 부족해지기 쉽다.

05. 파이토케미컬 식단

파이토케미컬 식단은 식물 자체 속에 들어 있는 화학 물질을 섭취함에 있어서 인체의 면역 기능을 강화시키고, 해독작용 등을 하면서 인체의 건강을 증진시켜 주는 식단을 말한다.

파이토케미컬 식단의 목적은 인체의 건강에 중요한 파이토케미컬이 들어 있는 다양한 색의 식재료를 골고루 섭취하는 것이다.

1) 파이토케미컬의 효과

그린 컬러 푸드인 양배추, 셀러리, 브로콜리 등에는 클로로필이 함유되어 있어 유해 물질을 체외로 배출시켜주는 천연 해독제 역할을 한다.

레드 컬러 푸드인 토마토, 빨간 피망, 수박 등에는 라이코펜이 함유되어 있어 몸 안의 유해산소를 제거하고, 활성산소 억제 및 노화 방지, 심장 건강 등의 효과가 있다.

옐로우 컬러 푸드인 당근, 호박, 오렌지, 감귤, 고구마 등에는 카로티노이드 성분이 함유되어 있어서 항암 효과 및 활성산소 제거, 유해 물질로부터 세포 보호, 노화예방, 암 및 심장질환 예방, 눈 건강 등의 효과가 있다.

블랙 컬러 푸드인 검은깨, 검정콩, 미역, 다시마 등에는 안토시아닌이 함유되어 있어 노화와 여러 질병을 일으키는 체내의 활성산소를 효과적으로 중화시킬 뿐만 아니라 심장질병, 뇌졸중, 성인병, 암 예방 등의 효과가 있다.

퍼플 컬러 푸드인 포도, 블루베리, 가지 등에는 안토시아닌이 함유되어 있어 시력 회복, 천연 항산화제, 망막질환 예방, 기억력 개선, 우울증 예방, 고혈압, 심근경색 예방 등의 효과가 있다.

화이트 컬러 푸드인 마늘, 양파, 무 등에는 알리신 성분이 함유되어 있으며, 이는 항균 작용, 세균 및 바이러스 침투를 막아주고 혈액순환을 원활하게 해 주며 심장 질환을 예방한다.

2) 파이토케미컬 매일 식단

① 조식

아침마다 컬러 푸드의 채소와 과일을 섞어서 직접 갈아서 생과일 야채 주스를 만들어 먹는다. 쥬스를 만들 때 유산균 요구르트와 우유를 넣어서 만들면 과일과 채소가 주기 어려운 단백질과 부족한 영양소를 충당할 수 있다. 주스를 만들 때 사용하는 채소와 과일로는 토마토, 콜리플라워, 블루베리, 아로니아, 당근, 딸기, 사과, 파프리카, 셀러리, 바나나, 오이, 키위 등을 입맛에 맞게 추가한다. 여러 가지 색깔의 채소와 과일을 많이 섞을수록 좋다.

② 중식

점심은 아침보다 무게감 있게 주식은 현미밥을 기본으로, 부족한 것은 딸기, 키위, 배와 같은 과일, 샐러드, 야채를 삶은 것을 먹는 것이 좋다. 감자, 고구마, 브로콜리 등을 삶아 먹고, 가지볶음을 곁들여 먹는다.

③ 저녁

저녁은 현미밥을 기본으로 다시마나 미역을 익혀서 초장에 찍어 먹는다. 복숭아, 수박, 키위를 디저트로 한다.

3) 파이토케미컬 1주일 식단

구분	아침	점심	저녁
월	바나나+오이+요구르트	현미밥	현미밥
		김	미역+초장
		샐러드	복숭아
화	케일+시금치+올리브 오일	현미밥	현미밥
		깍두기	다시마+초장
		샐러드	수박
수	셀러리+브로콜리+요구르트	현미밥	현미밥
		오이 피클	가지볶음
		샐러드	키위
목	콜리플라워+블루베리+요구르트	현미밥	현미밥
		고추 피클	시금치 무침
		샐러드	딸기
금	딸기+시금치+올리브 오일	현미밥	현미밥
		삶은 옥수수	오이 무침
		샐러드	사과
토	토마토+키위+요구르트	현미밥	현미밥
		콩자반	양파 볶음
		삶은 고구마	바나나
일	케일+시금치+올리브 오일	현미밥	현미밥
		삶은 감자	브로콜리+초장
		샐러드	포도

채식요리지도사1급 양성과정 (2일 과정)

□ 교육 내용

○ 교육 기간 : 20 년 월 일(2일과정) 10:00~오후 18:00(총 16시간)

○ 교육 장소 : 세계푸드테라피협회

○ 모집 인원 : 00명

○ 수 강 료 : 80만원(강의 교재, 채식요리지도사1급 자격증 발급비, 재료비 포함)

○ 강   사 : 조리기능장 백항선

○ 상   담 : 02-6015-3949

○ 특이사항 : 건강요리 레시피제공

○ 교   재 : 생명을 살리는 파이토케미컬

□ 배 경

○ 채식요리지도사의 중요성 증가

○ 채식요리프로그램의 필요성 증가

○ 채식요리 프로그램을 원하는 학교가 증가하고 있음

□ 필요성

○ 채식 식습관 형성의 중요성

○ 채식 요리 방법 필요

○ 채식에 대한 효능과 영양

□ 모집 대상

○ 차별화된 채식요리 프로그램을 배우고 싶은 분

○ 채식요리지도사로 활동하고 싶은 분

○ 채식요리 강사가 되고 싶은 분

○ 채식요리 관련 전문적인 직업을 갖고 싶은 분

□ 세부 교육내용

구분	시간	강의 제목	강의내용	강사
채식요리과정 (1일)	09:30~10:20	오리엔테이션 식요리지도사의 역할과 비전	- 채식요리지도사의 정의 - 채식요리지도사 역할 - 채식요리지도사 비전	
	10:30~11:20	파이토케미컬의 정의와 중요성	- 파이토케미컬의 정의 - 파이토케미컬의 효능 - 파이토케미컬의 종류	
	11:30~12:20	디톡스 음식	- 정의의 필요성 - 종류	
	13:30~14:20		- 요리와 식단	
	14:30~15:20	그린 푸드	- 채식요리, 스무디, 스프	
	15:30~16:20		- 효능, 종류, 조리법	
	16:30~17:20	레드 푸드	- 채식요리, 스무디, 스프	
	17:30~18:20		- 효능, 종류, 조리법	
건강요리과정 (2일)	09:30~10:20	블랙 푸드	- 채식요리, 스무디, 스프	
	10:30~11:20		- 효능, 종류, 조리법	
	11:30~12:20	퍼플 푸드	- 채식요리, 스무디, 스프	
	13:30~14:20		- 효능, 종류, 조리법	
	14:30~15:20	화이트 푸드	- 채식요리, 스무디, 스프	
	15:30~16:20		- 효능, 종류, 조리법	
	16:30~17:20	채식요리과정 레시피	- 생명을 살리는 식단 - 채식 레시피	
	17:30~18:20	정리/ 수료식	- 정리 - 수료식	

참고 문헌

국민건강보험공단(2014). 국민건강보험 보도자료.

국민일보(2008.8.18)기사 인용. '중년 흡연자 기억력 가물가물'

권동화(2016). 먹거리 X 파일. 동아엠앤비.

권용욱(2004). 나이가 두렵지 않은 웰빙 건강법. 조선일보사.

김수현(2006). 밥상을 다시 차리자 2.. 중앙일보사.

김종덕(2011). 약이 되는 우리 먹거리 1. 아카데미북.

김종덕(2013). 약이 되는 우리 먹거리 2. 아카데미북.

김홍주(2105). 한국의 먹거리와 농업. 따비.

나가카와 유조(2000). 식탁 위에 숨겨진 항암식품 54가지. 동도원.

보건복지부(2020). 2020 한국인 영양소 섭취기준. 한국영양학회

분당서울대병원(2014). 제3차 국가치매관리종합계획 사전기획연구.

방주연(2006). 혈액형과 체질별 식이요법. 예신

방주연(2006). 체질에 맞는 식생활 길들이기. 예신

백은희외(2004). 몸을 살리는 건강식품. 가림렛츠

신광호(2014). 먹거리가 답이다. 책넝쿨

신완섭(2015). 밥상 가득 우리 먹거리. 우리두리

신야히로미, 박인홍 역(2007). 위.장만 제대로 알면 건강완전정복. 북라인

아놀도힐거스·잉에호프만, 남문희(2003). 음식의 반란. 북라인

에릭 밀스톤, 팀 랭저/박준식 역(2013). 풍성한 먹거리 비정한 식탁. 낮은 산

네이버 백과사전 http://100.naver.com

농림식품부 http://www.mafra.go.kr

식품의약품안전청 http://www.kfda.go.kr

저자 소개

백항선요리연구가

저자는 경기대학원 관광전문 대학원에서 외식산업경영전공으로 석사를 취득하였으며 상명대학원 외식영양학과 박사과정을 수료하였다. 대한민국 조리기능장으로서 바른먹거리와 푸드테라피교육을 하며 건강요리전문가로서 컬러푸드의 중요성을 널리 알리기 위해 파이토케미컬 채식요리교육에 앞장서고 있다.

세계아동요리협회와 세계푸드테라피협회 협회장으로 재직하고 있으며, 저서로는 「요리치료와 푸드테라피」, 「감성지수를 높이는 창의적 아동요리」, 「100세 시대 바른먹거리가 답이다」를 출간하였다.

연세대학교 미래교육원에서 푸드테라피집단상담 과정을 운영하고 있으며, 서울문화예술대학교 조리학과 교수로 푸드테라피를 지도하고 있다. TV출연으로는 「SBS 요리조리 맛있는 수업」, 「MBC 생방송 오늘 아침」, 「KBS 아침뉴스타임」, 「채널A 여고동창생」 등에 요리연구가로 출연하였다. 전국의 대학교 및 평생교육시설, 구청 및 복지관, 전국농업기술센터, 복지관, 문화센터 등에서 1,000회 이상 강의를 하였다. 푸드테라피교육과 파이토케미컬 건강 음식 레시피 개발 및 연구를 하고 있으며, 건강한 대한민국을 만들기 위하여 노력하고 있다.

생명을 살리는 파이토케미컬

초판1쇄 인쇄 – 2022년 8월 15일

초판1쇄 발행 – 2022년 8월 15일

지은이 – 백항선

펴낸이 – 이영섭

출판사 – 인피니티컨설팅

서울 용산구 한강로2가 용성비즈텔. 1702호

전화 02-794-0982

e-mail – bangkok3@naver.com

등록번호 – 제2022-000003호

※ 잘못된 책은 바꾸어 드립니다.

※ 무단복제를 금한다.

바코드 : 9791192362878

ISBN 979-11-92362-87-8(13590)

값 20,000